U0161447

无线衰落信道
综合实验原理与应用

华博宇　朱秋明　陈小敏　林志鹏　毛　开　编著

东南大学出版社
SOUTHEAST UNIVERSITY PRESS
·南京·

内容提要

无线通信系统是现代高新技术的重要组成部分,主要包括发射装置、接收装置以及收发端之间的无线信道。伴随着无线通信系统复杂度的日益提升,信道对信号传输性能的影响越来越突出,对无线衰落信道的深入理解是研究通信系统的关键理论基础。因此,无线衰落信道的仿真实验教学内容高度贴合"新工科"人才培养的知识储备需求,是通信类学科未来教学的重要知识点。本书分四篇:基础知识篇、硬件初识篇、入门实践篇、工程应用篇,旨在提供由浅入深的无线信道综合实验并阐明实验原理,提供应用实例。

本书可作为高等院校电子信息类专业本科生及研究生的实验教材,也可供参加电子类竞赛的学生使用,还可供相关专业的工程技术人员参考。

图书在版编目(CIP)数据

无线衰落信道综合实验原理与应用 / 华博宇等编著.
—南京:东南大学出版社,2024.4
ISBN 978-7-5766-1381-0

Ⅰ.①无… Ⅱ.①华… Ⅲ.①无线电信道—研究
Ⅳ.①TN921

中国国家版本馆 CIP 数据核字(2024)第 076332 号

责任编辑:弓佩 责任校对:韩小亮 封面设计:王玥 责任印制:周荣虎

无线衰落信道综合实验原理与应用
Wuxian Shuailuo Xindao Zonghe Shiyan Yuanli Yu Yingyong

编　　著:华博宇　朱秋明　陈小敏　林志鹏　毛　开
出版发行:东南大学出版社
出　版　人:白云飞
社　　址:南京四牌楼 2 号　邮编:210096　电话:025-83793330
网　　址:http://www.seupress.com
经　　销:全国各地新华书店
印　　刷:苏州市古得堡数码印刷有限公司
开　　本:787 mm×1092 mm　1/16
印　　张:13
字　　数:268 千字
版　　次:2024 年 4 月第 1 版
印　　次:2024 年 4 月第 1 次印刷
书　　号:ISBN 978-7-5766-1381-0
定　　价:42.00 元

本社图书若有印装质量问题,请直接与营销部联系,电话(传真):025-83791830。

前 言

PREFACE

在全球新一轮科技研究以及产业创新的大环境下,以"创新驱动发展""中国制造2025"为重要代表的一系列国家战略引领着科技前进的步伐。教育部以此为建设新工科专业的任务,其核心目标是培养具备强大工程实践实力、高效创新能力和全球竞争优势的复合型"新工科"人才。

无线通信系统是现代高新技术的重要组成部分,主要包括发射装置、接收装置以及收发端之间的无线信道。伴随着无线通信系统复杂度的日益提升,无线信道对信号传输性能的影响越来越突出,对其深入的理解也是学习通信系统理论的重要基础。无线衰落信道的仿真实验教学内容高度贴合"新工科"人才培养的知识储备需求,是通信类学科未来教学的重要知识点。

本书分四篇:第一篇是基础知识介绍,包括无线信道特性,无线信道仿真方法以及硬件实验平台介绍;第二篇是硬件基础实验,包括通信原理重要知识点的实验,如通用接口控制实验、LCD屏显示实验、网口控制实验和数模/模数变换实验等;第三篇是入门提高实验,可作为通信相关理论课的课程设计内容,包括模拟通信系统设计实验、数字通信系统设计实验、高斯噪声信道设计实验和瑞利衰落信道设计实验;第四篇是工程应用实验,顺应通信系统发展趋势,结合前沿技术,给出一些典型工程实例的实现,可用于通信相关专业的综合课程设计内容,包括多输入多输出衰落信道设计实验,卫星通信场景复合衰落信道设计实验和车联网场景快变衰落信道设计实验。

本书由华博宇、朱秋明、陈小敏、林志鹏和毛开规划、统筹定稿,华博宇负责第一篇内容及全书审订,陈小敏负责编写第二篇内容,朱秋明负责编写第三篇及第四篇部分内容,林志鹏负责文字校对及实验实施,毛开负责编写第四篇部分内容。参加实验研发工作的研究生包括赵子坤、杨阳、毛通宝、房晨、冯瑞瑞、房胜、周强军、黄瑜霆、曾泽海等。另外,谢悦天、李涵刚、杨凌、韩立伟等参与了书稿的编辑与校对,正是他们的辛勤付出使得本书能够如期和读者见面。

编者还要感谢南京航空航天大学创新创业教育精品教材项目(2022CXCYJC-06)、实验技术研究与开发自制仪器设备类项目(SYJS202304Z)、南航电子信息工程学院高等教育教学改革研究课题、专业学位研究生课程教学案例库建设项目(2023YJXGG-C09)和江苏高校"青蓝工程"中青年学术带头人项目为本书的实验研发及撰写出版提供资助。

由于编者水平有限,书中难免存在不足之处,恳请读者批评指正。

编者

2023 年 8 月

目 录

CONTENTS

第三篇　入门实践篇

第四篇　工程应用篇

第一篇

基础知识篇

1

无线通信技术

通信是一种通过某种媒体进行信息交流和传递的活动。随着通信技术的不断发展，通信系统已经从简单的信息传递功能扩展到涉及信息获取、传递、加工等多个领域的综合处理。现代通信技术的进步，如卫星通信、光纤通信、数字程控交换技术等，以及通信网络的建设，如卫星电视广播网、分组交换网、用户电话网、国际互联网络等，对社会的发展和经济的增长起到了重要的推动作用。无线通信作为应用最广泛的技术之一，在现代通信技术中具有重要的地位。

一般而言，无线通信系统的基本构成如图1-1所示，主要由以下几个部分组成：信源、发射设备、无线信道、接收设备和信宿。信源是产生待传输信息的地方，可以是人类的语音、数据、图像等。发射设备将信源中的信息转换成适合无线传输的信号，并在必要时执行编码、调制等流程。无线信道是承载着无线信号传输的介质，包括地波传播、短波电离层反射、超短波或微波无线电视距传输、卫星中继以及各种散射信道等。接收设备负责接收信道中的信号，并将其转换回原始信息。信宿是信源的目的地，接收到的信息将被处理、展示或存储等。无线通信系统的构成部分和功能可以根据具体的应用场景和需求进行变化。例如，对于手机通信系统，信源可以是用户的声音、文字信息等，发射设备是手机芯片上的集成天线等，接收设备是手机中的天线和接收芯片，信宿是另一个手机或服务器等。

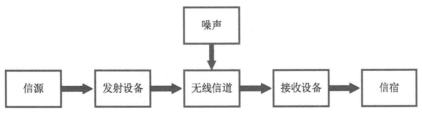

图1-1 无线通信系统的基本框图

无线通信系统的设计和优化涉及多个关键技术，包括调制解调技术、编码解码技术、天线设计、信道建模与估计、功率控制、干扰抑制、多址技术等。调制解调技术用于将信息编码成适合在无线信道上传输的信号，并在接收端将接收到的信号解码成原始信息。编码解码技术可以通过冗余编码、差错控制码等方式提高信息传输的可靠性和纠错能力。天线设计决定了无线信号的辐射和接收性能，包括天线高度、方向性、增益等参数的选择。信道建模与估计通过对无线信道的特性进行建模和估计，从而为系统设计和优化提供参考。功率控制可以根据信道质量和需求来调整传输功率，以实现最佳传输性能。干扰抑制技术通过降低系统干扰来提高无线通信的可靠性和容量。多址技术允许多个用户同时共享有限的无线资源，以提高系统的容量和效率。

随着技术的不断进步，无线通信系统的性能和功能不断提升。无线通信系统的发展伴随着从第一代到第五代无线移动通信技术的演化，每一次代际跃迁和技术进步都对产业升级和社会发展起到了显著的促进作用。

第一代移动通信技术（1st Generation，1G）主要用于提供模拟语音业务，美国摩托罗拉公司的工程师马丁·库帕于 1976 年首先将无线电应用于移动电话。1978 年，国际无线电大会批准了 800/900 MHz 频段用于移动电话的频率分配方案。在此之后一直到 20 世纪 80 年代中期，许多国家都开始建设基于频分复用技术（Frequency Division Multiple Access，FDMA）和模拟调制技术的第一代移动通信系统。我国的第一代模拟移动通信系统于 1987 年 11 月 18 日在广东第六届全运会上开通并正式商用，采用的是全接入通信系统（Total Access Communications System，TACS）制式。由于采用的是模拟技术，1G 系统的容量十分有限。此外，安全性和干扰方面也存在较大的问题。1G 系统的先天不足使得它无法真正被大规模普及和应用，价格更是非常昂贵，成为当时的一种奢侈品和财富的象征。与此同时，不同国家的各自为政也使得 1G 的技术标准各不相同，即只有"国家标准"，没有"国际标准"，国际漫游成为一个突出的问题。这些缺点都随着第二代移动通信系统的到来得到了很大的改善。

第二代移动通信技术（2nd Generation，2G）的核心是数字语音传输技术，峰值传输速率可以达到 100 Kbit/s，并且解决了 1G 各国技术标准不同，无法国际漫游的问题。2G 的关键技术是时分多址（Time Division Multiple Access，TDMA），其提高了系统容量，并采用了独立信道传送信令，使系统性能大大改善。1990 年欧洲电信标准化协会（ETSI）制定了 2G 标志性的通信标准，即全球移动通信系统（Global System for Mobile Communications，GSM），并于 1991 年开始商业运营。GSM 的优势在于用户可以在更高的数字语音质量和低费用的短信之间做出选择，而网络运营商可以根据不同的客户定制设备配置，因为 GSM 作为开放标准提供了互操作性。这样，该标准就允许网络运营商提供漫游服务，用户的移动通信设备便可以全球使用。但 2G 通信技术的系统容量仍然有限，越区切换性能仍不完善，而且 1G 和 2G 都属于窄带技术，主要是针对语音业务，而实际通信的需求远远不止语音。

第三代移动通信技术（3rd Generation，3G）支持高速数据传输的蜂窝移动通信，能够同时传送声音及数据信息。国际电信联盟（ITU）在 2000 年 5 月确定 WCDMA、CDMA2000、TD-SCDMA 三大主流无线接口标准，写入 3G 技术指导性文件《2000 年国际移动通信计划》（简称 IMT-2000）；2007 年，WiMAX 亦被接受为 3G 标准之一。码分多址（Code Division Multiple Access，CDMA）是第三代移动通信系统的技术基础。CDMA 系统以其频率规划简单、系统容量大、频率复用系数高、抗多径能力强、通信质量好、软容量、软切换等特点显示出巨大的发展潜力。3G 能够在全球范围内更好地实现无线漫游，并处理图像、音乐、视频流等多种媒体形式，将无线通信与国际互联网等多媒体通信结合，可以综合地面通信系统、卫星通信系统等实现无缝覆盖，并且具有足够的容量、强大的管理能力、较高的保密性能和服务质量。

第四代移动通信系统（4th Generation，4G）将 WLAN 技术和 3G 通信技术进行了很好地结合，使图像的传输速度更快，让传输图像的质量更高，图像看起来更加清晰，4G 通信技术让用户的上网速度可以高达理论值 100M，能够满足几乎所有用户对于无线服务的要求。其核心技术为长期演进（Long Term Evolution，LTE），LTE 和 3G 最大的不同是完全地取消了电路域，全 IP 化网络结构，只有分组域。LTE 的网络结构也发生了变化，无线接入网部分取消了 3G 中的主要网元——无线网络控制器（Radio Network Controller，RNC），只保留了演进型节点（Evolved Node B，eNodeB）。eNodeB 既是 LTE 网络中的无线基站，也是 LTE 无线接入网的网元，负责空中接口相关的所有功能。4G 通信在多址方式上采用了正交频分复用（Orthogonal Frequency Division Multiplexing，OFDM），可以消除或减少信号波形间的干扰，对多径衰落和多普勒频移不敏感，提高了频谱利用率，可实现低成本的单波段接收机。OFDM 的主要缺点是功率效率不高。在调制方式上，4G 通信系统采用多载波正交频分复用调制技术以及单载波自适应均衡技术，以保证频谱利用率和减小功耗。Turbo 码、级联码等信道编码方案、自动重发请求技术和分集接收技术等都被应用在 4G 通信系统中，从而在低信噪比条件下保证其系统性能。

随着移动互联网和物联网业务的快速发展，爆炸式的数据业务增长、多样性的信息共享、高速率的数据传递和便捷安全的信息访问等对现有 4G 通信系统的用户体验速率、峰值速率、移动性、端到端的时延、流量密度和连接数密度等各个方面提出了更高的要求。2013 年 2 月，我国工业和信息化部、国家发展和改革委员会、科学技术部联合推动成立了 IMT-2020 第五代移动通信系统（5th Generation，5G）推进组；2015 年 2 月，IMT-2020 发布了 5G 概念白皮书，从移动互联网和物联网主要应用场景、业务需求及挑战出发，包括了较大范围的连续覆盖、提高热点处的信道容量、降低设备功率和降低到达接收端的信号时延同时提高信号传输可靠性等 5G 主要技术场景下的特点；2016 年 9 月，IMT-2020 联合华为、中兴通讯和爱立信等公司，完成了主要 5G 无线和网络关键技术的性能和功能测试，验证了多样化 5G 场景需求的技术可行性。2018 年 12 月，工信部正式对外公布，已向中国电信、中国移动、中国联通发放了 5G 系统中低频段试验频率使用许可。电信运营企业开展 5G 系统试验使用的频率资源得到了保障,进一步推动我国 5G 产业链的成熟与发展。截至 2022 年 4 月末,中国已建成 5G 基站 161.5 万个,成为全球首个基于独立组网模式规模建设 5G 网络的国家。5G 基站占移动基站总数的 16%。

　　5G 的主要优势包括数据传输速率高,最高可达 10 Gbit/s,有高速率、低时延、大容量、高可靠、海量连接等特点。5G 技术关注的指标包括:单位面积内的总流量数,即流量密度;单位面积内可以支持的在线设备总和,即连接数密度;发送端到接收端接收数据之间的间隔,即时延;支持用户终端的最大移动速度,即移动性;每消耗单位能量可以传送的数据量,即能源效率;单位时间内用户数据传送量,即用户体验速率;单位面积内单位频谱资源提供的吞吐量,即频谱效率;用户可以获得的最大业务速率,即峰值速率。在频段方面,与 4G 支持中低频不同,考虑到中低频资源有限,5G 同时支持中低频和高频频段,其中中低频满足覆盖和容量需求,高频满足在热点区域提升容量的需求,5G 针对中低频和高频设计了统一的技术方案,并支持百兆赫兹的基础带宽。为了支持高速率传输和更优覆盖,5G 采用低密度奇偶校验码、新型极化信道编码、性能更强的大规模天线技术等。为了支持低时延、高可靠,5G 采用短帧、快速反馈、多层/多站数据重传等技术。目前,5G 技术在工业、能源、教育、医疗、文旅、金融、车联网、智慧城市等领域都有着广泛的应用。

　　综上所述,无线通信系统从第一代到第五代的演进,不断引入新技术和标准,持续提升了通信质量、容量和功能。每一代技术的推出都对产业升级和社会进步起到了重要推动作用。随着移动互联网和物联网的快速发展,现代无线通信技术可逐步满足高速率传输、低时延通信、海量连接等需求,为人们的生活提供更多便利,有力地推动了社会的发展。

2

无线信道特性

2.1 信道衰落统计特性

在无线通信中,信道承担着信号传递的重要角色,其性质受到多种自然和人为因素的影响。大尺度衰落(Large-Scale Fading)和小尺度衰落(Small-Scale Fading)是描述信道特性的两个重要概念,并通常共存在同一信道中。

大尺度衰落指的是信号幅度在较长距离或较长时间尺度上的缓慢变化,这种变化主要是由发射端和接收端之间的地形起伏、植被分布和建筑物等大规模传输环境的影响所造成的。大尺度衰落可以导致信号在传播过程中产生路径损耗。其中,自由空间路径损耗是计算路径损耗的理论基础,它描述了在自由空间中,电磁波由于能量扩散而引起的传播功率衰减。在自由空间中,电磁波不存在地面反射、各自散射体引起的散射和绕射、穿越障碍物引起的穿透等现象。小尺度衰落是指信号在较短距离或较短时间尺度上的快速变化,这种变化主要是由于信号在传播路径中受到多径效应和多普勒效应的影响所引起的。其中,多径效应是指信号在传播路径中因遇到的障碍物、反射、散射等引起的多个传播路径,导致信号在接收端到达时间和幅度上发生变化;多普勒效应是指由于信号源或接收端的运动引起的频率偏移现象,从而导致信号幅度发生快速变化。

总之,大尺度衰落和小尺度衰落是描述无线通信中信道特性的重要指标。前者主要由传输环境的大规模特征引起,而后者主要受到多径效应和多普勒效应的影响。了解和分析信道的衰落特性对于优化无线通信系统的性能以及提高通信质量具有重要意义。下面将针对不同类型的信道衰落的统计特性展开介绍。

自由空间的路径损耗是计算路径损耗的基础,假设电磁波能量以球面波形式辐射,定义发送设备的信号功率与接收设备的信号功率的比值为路径损耗,则有

$$L(\mathrm{dB}) = -10\log\left(\frac{P_\mathrm{r}}{P_\mathrm{t}}\right) = 32.45 + 20\log f + 20\log d - 10\log(G_\mathrm{t}G_\mathrm{r}) \qquad (2\text{-}1)$$

其中,P_t 和 P_r 为天线发送、接收功率;G_t 和 G_r 分别为发射天线阵列和接收天线阵列由天

线方向图决定的增益; d 为距离,单位为 km; f 为频率,单位为 MHz。在工程上经常可以近似 $G_tG_r=1$,所以 d 增加一倍,就会增加大约 6 dB。在实际信道中还有在地球表面、建筑物表面发生的反射损耗、由尖锐边缘阻挡产生的绕射损耗和由体积小而数量多的物体产生的散射损耗。

阴影衰落(Shadowing Fading)相对路径传播损耗,衰落速度稍快一些,有些场合也称为中尺度衰落。阴影衰落的产生原因是信号在传播过程中遭遇到商业楼宇、居民区等建筑物的遮掩或者受到凹凸不平的地形起伏阻碍时,在障碍物背面会有信号接收功率很低的区域,当接收设备在该区域范围内时,接收信号的平均功率随时间缓慢变化。实测数据表明,阴影衰落的特征通常可用对数正态分布(Lognormal Distribution)的随机变量表示

$$p_\beta(r) = \frac{1}{\sqrt{2\pi}\sigma_0 r}\exp\left[-\frac{(\ln r - m_0)^2}{2\sigma_0^2}\right] \quad r \geqslant 0 \tag{2-2}$$

其中, σ_0 为阴影衰落的标准偏差; m_0 为均值,在实际环境下通常为 $1.5 \sim 7$ dB。对数正态分布的均值和方差分别为

$$E[\beta] = \exp(m_0 + \sigma_0^2/2)$$
$$\mathrm{Var}[\beta] = \exp(2m_0 + \sigma_0^2)[\exp(\sigma_0^2) - 1] \tag{2-3}$$

注意到,对数正态随机变量也可通过高斯随机变量 $\mu \sim N(m_0, \sigma_0^2)$ 进行非线性变换产生

$$\beta = \exp(\sigma_0\mu + m_0) \tag{2-4}$$

多径效应和多普勒效应是造成小尺度衰落的关键原因。假设接收端以速率 v 在长度为 d 的路径 XY 上运动,接收到来自飞机信源发送的信号。则电磁波分别到达点 X 和点 Y 之间的距离差为

$$\Delta l = d\cos\theta_i = v\Delta t\cos\theta_i \tag{2-5}$$

其中, θ_i 是第 i 条路径信号到达的入射角,在长距离条件下,点 X 和点 Y 处的入射角 θ_i 相同。造成相位变化为

$$\Delta\varphi = \frac{2\pi\Delta l}{\lambda} = \frac{2\pi v\Delta t}{\lambda}\cos\theta_i \tag{2-6}$$

对应频率变化值为

$$f = \frac{1}{2\pi}\frac{\Delta\varphi}{\Delta t} = \frac{v}{\lambda}\cos\theta_i \tag{2-7}$$

式中, f 为多普勒频率,则最大多普勒频率 $f_{\max} = v/\lambda$,与到达角无关。

无线传播路径主要包括视距路径(Line of Sight, LoS)和非视距路径(Non Line of

Sight, NLoS) 两种。在非视距路径环境通常使用经典的瑞利分布来描述小尺度衰落,在视距路径环境一般用莱斯分布模型来描述。另外,小尺度衰落模型还有 Nakagami、Weibull 和 Beckmann 等。

瑞利衰落分布概率密度函数(Probability Density Function, PDF)可表示为

$$f_\gamma(r) = \frac{r}{\sigma_0^2} \exp\left(-\frac{r^2}{2\sigma_0^2}\right) \quad 0 \leqslant r < \infty \tag{2-8}$$

相位服从均匀分布

$$p_\gamma(\varphi) = \frac{1}{2\pi} \quad 0 \leqslant \varphi \leqslant 2\pi \tag{2-9}$$

对应的均值和方差分别为

$$E\{\gamma\} = \sigma_0 \sqrt{\frac{\pi}{2}}$$
$$\mathrm{Var}\{\gamma\} = \sigma_0^2\left(2 - \frac{\pi}{2}\right) \tag{2-10}$$

莱斯衰落分布的概率密度函数可表示为

$$f_\gamma(r) = \frac{r}{\sigma_0^2} \exp\left(-\frac{r^2 + A^2}{2\sigma_0^2}\right) I_0\left(\frac{rA}{\sigma_0^2}\right) \quad r \geqslant 0,\, A \geqslant 0 \tag{2-11}$$

其中,A 为信号幅度最大值; $I_0(\bullet)$ 为零阶修正贝塞尔函数。相位分布为

$$p_\gamma(\varphi) = \frac{e^{\frac{A^2}{2\pi}}}{2\pi}\left[1 + \sqrt{\frac{\pi}{2}}\,\frac{A}{\sigma_0}\cos\left(\theta_s - \varphi\right)\exp\left(\frac{-A^2\cos^2\left(\theta_s - \varphi\right)}{2\sigma_0^2}\right)\right]$$
$$\cdot \left[1 + \mathrm{erf}\left(\frac{A\cos\left(\theta_s - \varphi\right)}{\sqrt{2}\,\sigma_0}\right)\right] \tag{2-12}$$

其中,$\varphi \in [-\pi, \pi)$; $\mathrm{erf}(\bullet)$ 为误差函数。莱斯衰落分布的均值和二阶中心矩如式(2-13)所示

$$E\{\gamma\} = \sigma_0\sqrt{\frac{\pi}{2}}\exp\left(-\frac{A^2}{4\sigma_0^2}\right)\left[\left(1 + \frac{A^2}{2\sigma_0^2}\right)I_0\left(\frac{A^2}{4\sigma_0^2}\right) + \frac{A^2}{2\sigma_0^2}I_1\left(\frac{A^2}{4\sigma_0^2}\right)\right] \tag{2-13}$$

$$E\{\gamma^2\} = 2\sigma_0^2 + A^2 \tag{2-14}$$

其中,$I_1(\bullet)$ 表示一阶修正贝塞尔函数。视距路径功率与非视距路径功率的比值 K 为莱斯因子

$$K = 10\lg\frac{A^2}{2\sigma_0^2}\ \mathrm{dB} \tag{2-15}$$

当 $A=0$ 时,莱斯分布退化为瑞利分布。

2.2 信道扩展和选择性

2.2.1 时间选择性(多普勒扩展)

多普勒效应导致接收信号频率偏移,多径叠加后产生信号多普勒频率扩展和时间选择性衰落。在频域上,不同多普勒频移的散射分量的叠加形成多普勒功率谱密度(Doppler Power Spectral Density,DPSD)。多普勒扩展 B_D 表达式为

$$B_{\mathrm{D}}=\sqrt{\frac{\int_{-\infty}^{+\infty}(f-\bar{B})^2 S(f)\mathrm{d}f}{\int_{-\infty}^{+\infty}S(f)\mathrm{d}f}} \tag{2-16}$$

其中, $S(f)$ 是多普勒功率谱密度; $\bar{B}$ 为 DPSD 的一阶中心矩的平均多普勒频移。在时域上,时间选择性衰落用相关时间 T_c 来表示, T_c 是指信道状态平稳状态的时隙的统计平均值,由接收信号统计特性中时间相关函数大于 0.5 的时间段长度决定。 T_c 的近似值如公式(2-17),其中, $f_{\max}$ 为最大多普勒频率。

$$T_{\mathrm{c}}=\frac{9}{16\pi f_{\max}} \tag{2-17}$$

2.2.2 频率选择性(时延扩展)

多径效应在时域体现为时延扩展,时延扩展是信号通过不同路径的时间不同,造成接收信号时间增长和波形扩展的现象。描述时延扩展的参数是均方根时延扩展 σ_τ, σ_τ 是时延功率谱(Power Time Spectrum,PTS)二阶矩的平方根,表达式为

$$\sigma_{\tau}=\sqrt{\frac{\sum_k P(\tau_k)\tau_k^2}{\sum_k P(\tau_k)}-\left(\frac{\sum_k P(\tau_k)\tau_k}{\sum_k P(\tau_k)}\right)^2} \tag{2-18}$$

其中, $P(\tau_k)$ 为在 τ_k 时的相对衰落功率。多径效应在频域体现为频率选择性,表现为信道具有使不一样频率分量的衰落幅度不同的滤波器功能。描述频率选择性的主要指标是相关带宽 B_c,指信道冲激响应保持一定相关度的最大频率间隔。一般情况下, B_c 为不同频率信号包络相关系数为 0.5 时的频率间隔。此时, B_c 的近似值为

$$B_{\mathrm{c}}\approx\frac{1}{5\sigma_{\tau}} \tag{2-19}$$

2.2.3 空间选择性(角度扩展)

在多输入多输出通信系统中,因为收发端所处的散射环境各异,不同的天线阵元在各自的天线阵列中的位置也不尽相同。所以,同一散射支路在不同位置上的天线阵元上会表现出不同的信号衰落、到达角度和到达时延等特征,这种现象被称为空间选择性。空间选择性由角度扩展 σ_Δ 描述,σ_Δ 是角度功率谱(Power Angle Spectrum,PAS)$P(\theta)$ 的二阶矩平方根,表达式为

$$\sigma_\Delta = \sqrt{\frac{\int_0^\infty (\theta - \bar{\theta})^2 P(\theta)\mathrm{d}\theta}{\int_0^\infty P(\theta)\mathrm{d}\theta}} \tag{2-20}$$

其中,$\bar{\theta}$ 表示角度扩展的均值。当接收设备附近障碍物和散射体多而分布零散和复杂时,角度扩展较大。反之,在相对空旷散射环境下,信号传播环境的散射程度微弱,角度扩展较小。如果天线阵元之间的距离较小时,到达不同天线阵元的同一散射支路可以看作具有相近的衰落特性,则认为该信道具有空间非选择性。该特性可以用参数相干距离 D_c 描述,有

$$D_c \approx \frac{0.187}{\sigma_\Delta \cos\theta} \tag{2-21}$$

其中,θ 为到达角。当天线阵元之间距离小于相干距离时,该信道为空间平坦衰落信道,且不同天线对的信道间有相近的空间相关性。

根据信道参数均方根时延扩展 σ_τ、多普勒扩展 B_D 和角度扩展 σ_Δ 可以将信道如表 2-1 分类,其中,B_s 是信号带宽,T_s 是信号周期。

表 2-1 信道分类表

信道参数	信道分类	满足条件
均方根时延扩展 σ_τ	平坦衰落信道	$B_s \ll B_c, T_s \gg \sigma_\tau$
	频率选择性衰落信道	$B_s > B_c, T_s < \sigma_\tau$
多普勒扩展 B_D	快衰落信道	$B_s < B_D, T_s > T_c$
	慢衰落信道	$B_s \gg B_D, T_s \ll T_c$
角度扩展 σ_Δ	标量信道	SISO 系统
	矢量信道	MIMO 系统($\sigma_\Delta \neq 0$)

3 无线信道仿真

3.1 常用仿真方法

  无线衰落信道的仿真能够以极低的成本再现传播环境的统计特性,在移动通信系统的开发测试、性能评估等环节中被广泛应用。从原理层面理解,无线信号在传播过程中遇到起伏的地形会产生反射、散射及绕射等,使得到达接收端天线的信号不是单一路径,而是许多路径入射波的合成。当到达接收机的信号时延差超过单个采样周期,就形成可分辨的多径信号,多径衰落信道的仿真模拟通常可用如图 3-1 所示的等效离散模型实现。

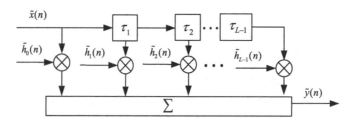

图 3-1 多径散射信道等效离散模型

  目前,常用的无线信道仿真方法包括滤波法、有限状态 Markov 法和谐波叠加法(Sum of Sinusoids,SoS)。

1) 滤波法模型

  滤波法是产生有色高斯随机过程的方法之一。当使用滤波法时,如图 3-2 所示的高斯白噪声(White Gaussian Noise,WGN)过程 $v_i(t)$ 给定作为一个线性时不变滤波器的输入,该滤波器的传递函数由 $H_i(f)$ 可以任意精度拟合到任何给定的频率响应。如果 $v_i(t) \sim N(0,1)$,那么滤波器输出处得到一个零均值随机高斯随机过程 $\mu_i(t)$,其中 $\mu_i(t)$ 的功率谱密度 $S_c(f)$ 匹配传递函数的绝对值的二次方,即 $S_c(f) = |H_i(f)|^2$,得到的复高斯随机过程的表达式写作

$$S_y(f) = S_n(f) |H(f)|^2 \tag{3-1}$$

其中，$S_n(f)$、$S_y(f)$ 是输入、输出信号的功率。

因此，一个有色高斯随机过程 $\mu_i(t)$ 可被看作滤波高斯白噪声 $v_i(t)$ 的结果。滤波法产生高斯随机过程有两种实现方式，分别是滤波过程在频域和时域中实现。

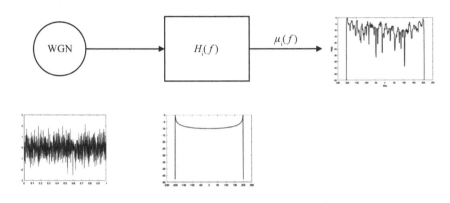

图 3-2   滤波法产生有色高斯随机过程

在频域中，将高斯信号乘上 $|S_c(f)|^{1/2}$，再通过逆快速傅里叶变换（Inverse Fast Fourier Transform,IFFT）得到时域衰落信号。通过线性 IFFT 产生的信号仍满足高斯分布，同时也具有理想的 Jakes 功率谱。但 IFFT 方法中的一个最主要的缺点是需要所有的衰落系数在数据通过信道之前已经产生并被储存。这就需要大量的内存空间，并不能够无限连续传输，所以 IFFT 的方法不适合长时间运行的硬件衰落仿真。

在时域中，频谱成型滤波器可以由有限冲激响应（Finite Impulse Response,FIR）滤波器和无限冲激响应（Infinite Impulse Response,IIR）滤波器实现。FIR 滤波器的效果和保持在滤波器中的截断信号时间跨度有关，并与多普勒频率成反比。实现快速截止和在阻带中大衰减的窄带数字滤波器需要高阶数字滤波器。相比之下，满足相同要求的 IIR 滤波器的阶数会小一些，并且在硬件实现时需要的资源更少。在实际中，IIR 滤波器同时使用前馈和反馈多项式，可以实现比 FIR 滤波器更好的频率滚降。但 FIR 滤波器因为没有反馈，所以本质上是稳定的。在 IIR 滤波器设计时系数定点量化时，所产生的数值误差将被反馈，可能导致不稳定，从而使得响应带来偏差。

2）有限状态 Markov 仿真法

Markov 方法是将信道划分为多个状态，各个状态间的转移被描述为马尔可夫过程，然后再针对每个过程进行建模与分析。根据信道模型状态的数目，可以将其分为二状态马尔可夫链、三状态马尔可夫链和多状态马尔可夫链。

图 3-3 给出了一个三状态马尔可夫链转换过程，通过大量的实测数据分析可以将信道划分为状态 1：视距传播；状态 2：多径传播；状态 3：阴影传播。在每个状态中，接收信号的幅值也呈现出不同的变化，在视距传播状态下，接收信号幅值较大，输出衰落的包络

起伏较小;在多径传播状态下,接收信号幅值较小,输出衰落的包络变化剧烈;在阴影传播状态下,由于障碍物的遮挡,接收信号幅值变化缓慢,但包络起伏较大。各状态之间的转换用状态转移概率矩阵 $\boldsymbol{P}$ 来描述,其中 $\boldsymbol{P}=[p_{ij}]$ $(i, j=1, 2, 3)$,每个状态由若干状态帧组成,状态帧的个数与信道状态更新间隔有关。状态帧个数越多越能实时反映信道特性变化情况,但是系统的硬件实现过程也变得更加复杂,因此需要在状态帧个数和系统实现的复杂度之间权衡好两者的关系。

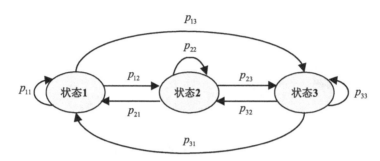

图 3-3 三状态马尔可夫转换过程

Markov 过程就是已知"当前"状态,"将来"和"过去"的状态只与"当前"状态有关,即"将来"与"过去"状态只能通过"当前"状态发生。Markov 方法的特点是能够记住信道的状态,若信道具有很高的记忆性,能够用高阶 Markov 方法实现。然而,阶数的增加使得 Markov 模型计算复杂度骤然增加,该方法更适于研究分组数据通信协议的性能,不太适合仿真衰落信道。

3) SoS/SoC 仿真方法

不论何种仿真方法,都要求产生的各径信道的衰落统计特性尽可能与理论值一致,同时实现简单。滤波法需要产生独立的复高斯随机过程,并进行功率谱密度整形滤波,当功率谱密度为非规则形状时,滤波器设计非常困难;Markov 模型将信道分为有限个状态,利用信道的记忆性对下一时刻的状态进行预测,当信道为快衰落时需要大量的状态和转移概率,使得该模型也过于复杂;Clarke 等提出的 SoS 方法由于实现简单,近年来得到了广泛应用。

基于谐波叠加(Sum of Sinusoids/Cosinusoids,SoS/SoC)原理产生高斯随机变量,可表示为

$$u_i(t)=\sqrt{\frac{2}{N}}\sum_{n=1}^{N}\cos\left(2\pi f_{i,d}t\cos\alpha_{i,n}+\varphi_{i,n}\right) \tag{3-2}$$

其中,N 表示不可分辨散射支路数目,$f_{i,d}$、$\alpha_{i,n}$ 和 $\varphi_{i,n}$ 分别表示最大多普勒频率、各散射支路的入射角和初始相位。第 n 支路加权谐波可表示为

$$u_{i,n}(t)=\sqrt{\frac{2}{N}}\cos\left(2\pi f_{i,d}t\cos\alpha_{i,n}+\varphi_{i,n}\right) \tag{3-3}$$

当模型参数确定后，$f_{i,d}$、$\alpha_{i,n}$、$\varphi_{i,n}$ 均为非零常数，而 t 可看成服从均匀分布的随机变量。随机变量 $u_{i,n}(t)$ 的概率密度函数可表示为

$$p_{u_{i,n}}(x)=\begin{cases}\dfrac{\sqrt{N}}{\pi\sqrt{2-Nx^2}} & |x|<\sqrt{\dfrac{2}{N}}\\[3mm] 0 & |x|\geqslant\sqrt{\dfrac{2}{N}}\end{cases} \tag{3-4}$$

均值和方差分别为 0 和 $1/2N$。 由此，可得对应特征函数为

$$\Psi_{u_{i,n}}(v)=\int_{-\infty}^{\infty}p_{u_{i,n}}\mathrm{e}^{\mathrm{j}2\pi ux}\mathrm{d}x=J_0\left(2\pi\sqrt{\dfrac{2}{N}}v\right) \tag{3-5}$$

各支路叠加后的随机变量 $u_i(t)$ 特征函数可表示为

$$\Psi_{u_i}(v)=\Psi_{u_{i,1}}(v)\cdot\Psi_{u_{i,2}}(v)\cdot\cdots\cdot\Psi_{u_{i,N_i}}(v)=\prod_{n=1}^{N_i}J_0\left(2\pi\sqrt{\dfrac{2}{N}}v\right) \tag{3-6}$$

因此，可获得 $u_i(t)$ 的概率密度函数为

$$p_{u_i}=\int_{-\infty}^{\infty}\Psi_{u_i}(v)\mathrm{e}^{-\mathrm{j}2\pi vu}\mathrm{d}v=2\int_0^{\infty}\left[\prod_{n=1}^{N_i}J_0\left(2\pi\sqrt{\dfrac{2}{N}}v\right)\right]\cos(2\pi vu)\mathrm{d}v \tag{3-7}$$

SoS 模型输出随机变量 $u_i(t)$ 的幅值分布可表示为

$$p_{u_i}(u)=2\int_0^{\infty}\left[\prod_{n=1}^{N}J_0\left(2\pi\sqrt{\dfrac{2}{N}}v\right)\right]\cos(2\pi vu)\mathrm{d}v \tag{3-8}$$

当散射支路数目 $N\to\infty$ 时，有

$$\lim_{N\to\infty}\left[J_0\left(2\pi\sqrt{\dfrac{2}{N}}v\right)\right]^N=\mathrm{e}^{-2(\pi v)^2} \tag{3-9}$$

将结果化简后，可得

$$\lim_{N\to\infty}\widetilde{p}_{\widetilde{u}_i}(u)=\dfrac{1}{\sqrt{2\pi}}\mathrm{e}^{-\frac{u^2}{2}} \tag{3-10}$$

因此，当 $N\to\infty$ 时，上式输出瞬时幅值服从均值为 0，方差为 1 的高斯分布。仿真模型框图如图 3-4 所示。

模拟产生对数正态、瑞利及莱斯随机过程时，可将其分解为高斯随机过程。其中，瑞利随机变量可表示为

$$\beta(t)=\mu_1(t)+\mathrm{j}\mu_2(t) \tag{3-11}$$

对数正态随机变量可表示为

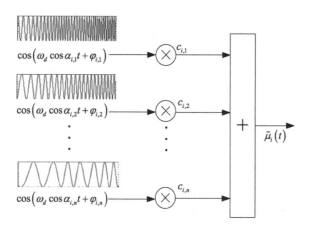

图 3-4　仿真模型框图

$$\beta(t) = e^{\sigma_\beta u_0(t) + m_\beta} \tag{3-12}$$

其中，$u_i(t) \sim N(0,1)$。衰落仿真波形及统计分布的理论值与仿真值如图 3-5 所示。

4）SoFM 仿真方法

平稳信道衰落的情况下，SoC 是一种高效的仿真方法，可以准确地复现平稳信道特性，利于实验室场景下对实际场景的模拟。但是在非平稳信道衰落的情况下，传统的 SoC 仿真方法将不再适用，如果直接采用 $f_n(t)$ 代替 f_n 进行仿真，则模型产生的信道衰落的相位为非连续，并且产生的多普勒频率与理论值也将不一致。针对非平稳仿真场景，提出了有限条射线信号线性调频叠加（Sum of Frequency Modulation，SoFM）的方法来模拟非平稳信道衰落，非平稳信道衰落情况下 SoFM 仿真方法可以表示为

$$\hat{\mu}(t) = \sum_{n=1}^{N} \hat{c}_n e^{j\left(2\pi \int_0^t \hat{f}_n(\tau)d\tau + \hat{\theta}_n\right)} \tag{3-13}$$

其中，$\hat{c}_n$、$\hat{\theta}_n$ 和 $\hat{f}_n(t)$ 分别为散射路径的增益、初始相位和时变多普勒频率。其中相位 $\hat{\theta}_n$ 为服从 $U \sim [-\pi, \pi)$ 的随机变量；增益 $\hat{c}_n$ 满足 $\sum_{n=1}^{N} \hat{c}_n^2 = \sigma_\mu^2$ 的条件；与式相比，SoFM 仿真方法使用 $2\pi \int_0^t \hat{f}_n(\tau)d\tau$ 代替了 $\hat{f}_n t$，根据频率是相位随机时间变化的导数，可以证明该模型输出的信道衰落的多普勒频率与理论值一致，图 3-6 给出了非平稳信道模型 SoC 和 SoFM 两种仿真方法信道衰落幅值和相位的对比图，由图中可以看出，SoC 仿真方法导致信道衰落的相位不连续，而 SoFM 仿真方法引入了积分运算消除了相位突变的情况。另外，二者输出相位的不一致导致了信道衰落的幅值也不一致。

$$\hat{\mu}(t) = \sum_{n=1}^{N} \hat{c}_n e^{j(2\pi \hat{f}_n t + \hat{\theta}_n)} \tag{3-14}$$

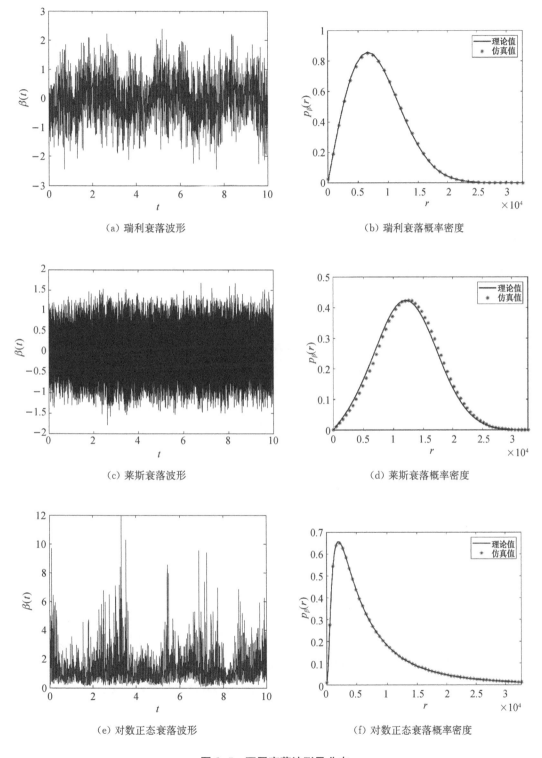

（a）瑞利衰落波形　　　　　　　　　　（b）瑞利衰落概率密度

（c）莱斯衰落波形　　　　　　　　　　（d）莱斯衰落概率密度

（e）对数正态衰落波形　　　　　　　　（f）对数正态衰落概率密度

图 3-5　不同衰落波形及分布

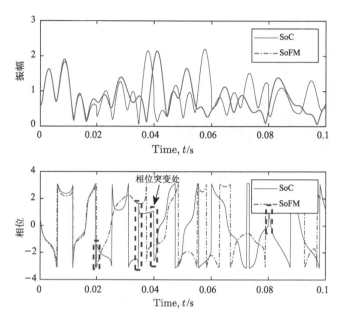

图 3-6　不同仿真方法的输出幅值和相位

因此 SoFM 仿真方法可以替代 SoC 仿真方法对非平稳传播场景进行模拟。在 SoFM 实现的过程中，SoFM 仿真方法由 N 条线性调频信号累加实现，图 3-7 给出了 SoFM 仿真方法的实现框图，其中每一条散射支路由线性调频信号来实现。

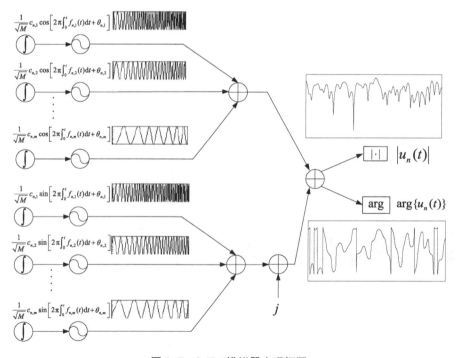

图 3-7　SoFM 模拟器实现框图

3.2 商用仿真系统

无线信道仿真模拟器通过对电磁波在实际环境传播过程中的准确模拟,可在实验室完成通信设备的测试和研制,成为通信设备测试的重要组成部分。在商用无线信道模拟器领域,国际上已有多家公司推出了成熟的商业产品,下面对常见的信道模拟器做简单介绍。

芬兰 Elektrobit 公司推出的 Propsim F8,它可以支持多达 8 个物理衰落通道,32 个逻辑衰落通道,支持多台仿真仪级联工作;最大支持 125 MHz 带宽下双向 4×4、单向 4×8、2×16 的 MIMO 仿真,70 MHz 宽带下 4×16 的 MIMO 仿真;支持 3GPP/3GPPP2 WCDMA、IEEE 802.11n、3GPP LTE、WiMAX 和 Wi-Fi 及未来无线信道系统空中接口测试;支持常量、瑞利、莱斯、Nakagami 和自定义等信道衰落类型;支持正弦变化、线性变化和 3GPP 生灭效应等时延模型。

美国 Spirent 公司的 SR5500 可测试信号接收设备的 RF 在衰落和干扰的影响下的现象,具有先进的衰退引擎,可精确保证对 HSPA+、WLAN 和 WiMAX 等先进技术实施精确测量。SR5500 可设置动态仿真环境(Dynamic Emulation Environment,DEE),用户能够对测试进行制定并实现测试的自动化。DEE 的状态持续时间最低可以达到 10 ms,因而可以在苛刻部署环境中实现测试的自动化,比如当无线系统部署在高速环境中,测试过程需要非常精细的时间分辨率和精度。

美国 Azimuth 公司的 ACE-400WB 可实现动态信道仿真,在上行和下行路径同时瞬间重现真实世界的情景,可测试天线束形成和全双工操作的应用;具有 SmartMotion 移动专利技术,用动态衰落模仿真实世界的信道状况,使用可编程的衰减器,使得在实验室内即可简便地测量终端设备在移动情景下的性能;用户可自定义信道模型编入 ACE-400WB,增加测试的灵活性;基于图像界面的配置并带有先进用户控制,允许用户评估某一瞬间特定的信道状况;提供完整的 WiMAX 信道环境,即可直接与 IEEE 802.16 装置相连,无须外接射频元器件。

目前大多数无线信道仿真系统核心功能的实现都基于现场可编程门阵列(Field-Programmable Gate Array,FPGA)技术。由于信道的模拟运算需要大量乘法及加减法器,对时钟频率的要求也较高,FPGA 具备对基带数据并行处理的优势,并能够提供灵活的时钟倍频,易于实现信道衰落的模拟与叠加。因此,本书的实验设计采用 FPGA 平台进行开发。

4

硬件实验平台

4.1 平台简介

本书的实验平台采用了 XILINX 公司基于 28 nm 工艺的 ZYNQ-7000 系列 FPGA 芯片,其片内选用 XC7Z020-1CLG484I 芯片,同时拥有基于 ARM 的 PS 处理单元和基于 FPGA 的 PL 逻辑单元。其 PS 单元拥有高性能的双核 ARM Cortex-A9 处理器,主频可达 667 MHz,PL 单元等效于 Artix-7 FPGA,具有 85 k 逻辑单元,可以进行基于 Linux、Android、Windows 以及其他 OS/RTOS 的设计,系统扩展了 5 英寸(约为 12.7 cm)LCD 显示屏,方便用户开发与功能显示。

平台具有网口、USB 接口、UART 接口、40PIN 2.54 mm 扩展 I/O 接口、扩展 FMC 接口等丰富的外设接口;实验板包含 2 片 256 Mbit FLASH,2 片 2 Gbit DDR3 SDRAM,512 KB EEPROM,具备按键、LED 等输入输出接口,可满足用户灵活进行开发使用的需求。

平台还集成了高速双通道 ADC、高速双通道 DAC 以及 S 波段射频收/发模块 MAX2830,能够实现从基带到射频的数据通信,满足通信原理、数字通信等课程实验的要求,用户可以利用可编程逻辑平台的优势,开展基于 ARM Cortex-A9 的嵌入式课程实验以及基于 FPGA 的数字逻辑课程实验。

图 4-1、图 4-2 分别为无线信道仿真平台原理框图和硬件实物图,其主要功能说明如下:

(1) DC-24V 电源输入;

(2) 12bit@105MS/s 高速双通道 ADC 模拟信号输入接口;

(3) 12bit@125MS/s 高速双通道 DAC 模拟信号输出接口;

(4) 时钟输入输出接口;

(5) 复位信号控制;

(6) 网口物理接口,支持 10 Mb/s、100 Mb/s、1000 Mb/s 全双工及半双工通信;

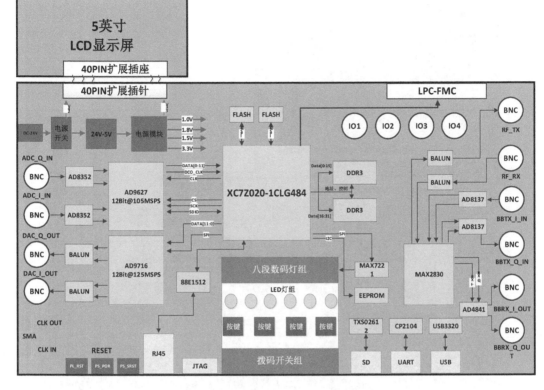

图 4-1 无线信道仿真平台原理框图

(7) ZYNQ JTAG 下载接口；

(8) 用户 PL 端输入按键接口；

(9) 用户 PL 及 PS 端输入按键接口；

(10) SD 卡模块，可配置启动方式为 SD 卡启动；

(11) 串口输入输出接口；

(12) USB 接口；

(13) 射频基带输出 I/Q 两路模拟信号接口；

(14) 射频基带输入 I/Q 两路模拟信号接口；

(15) 射频输入、输出接口，支持频段为 $2.4 \sim 2.5$ GHz；

(16) 4 路扩展用户 I/O，接口电平标准为 3.3 V；

(17) ZYNQ 可选配置模式，支持用户多种 ZYNQ 启动方式；

(18) 用户 I/O 方向选择，可根据用户需要灵活配置；

(19) 40PIN 2.54 mm 扩展 I/O，其中搭配 5.0 英寸 LCD 显示屏，分辨率为（800×480)dpi，刷新率为 60 Hz，配合 ARM 系统可提供良好的人机交互界面；

(20) FMC LPC 扩展接口，所有布线均采用差分布线形式，提高了板卡的可扩展性，用

图 4-2　无线信道仿真平台硬件实物图

户可根据自己的需求使用。

4.2　功能概述

ZYNQ-7020 无线信道仿真平台主要包含以下功能：

（1）采用 Xilinx 公司 XC7Z020-1CLG484I 作为板卡的核心控制单元；

（2）采用 DC-24 V 电源输入，并完成设计板卡所需的各种电源；

（3）ZYNQ 主板集成 2 片 DDR3 SDRAM（2×2 Gbit）；

（4）ZYNQ 主板集成 USB、UART、Ethernet 等通信接口，便于外设通信；

（5）ZYNQ 主板集成 2 片 256 Mbit 的 QSPI FLASH，用于程序、数据存储；

（6）ZYNQ 主板集成了 512 KB EEPROM 芯片，便于用户存储参数等信息；

（7）ZYNQ 主板集成了 SD 卡接口,用户可将其作为 ZYNQ 系统的启动方式;

（8）ZYNQ 主板集成按键、LED、八段数码管等,便于用户输入及输出操作显示;

（9）ZYNQ 主板外扩 2.54 mm - 40PIN I/O 接口,采用差分布线,便于用户外扩使用;

（10）ZYNQ 主板外扩 1 个 LPC-FMC 接口,便于用户外扩使用;

（11）LCD 显示板采用 5 英寸 LCD 显示屏,与 PL 单元通过 2.54 mm - 40PIN 扩展 I/O 连接,PL 单元通过并口对 LCD 显示屏进行控制;

（12）AD 采集模块为差分双通道输入,采样率为 105MS/s,采样位数 12 bit,PL 通过 SPI 接口进行采样控制;

（13）DA 转换模块为差分双通道输出,转换率为 125MS/s,转换位数 12 bit,PL 通过 SPI 接口进行转换控制;

（14）射频模块采用 802.11 g/b 的无线传输模块;

（15）1 路外部时钟输入和 1 路外部时钟输出通过 SMA 接口输入及输出;

（16）4 路普通 I/O 接口通过 BNC 输入及输出。

4.3 主要部件

ZYNQ - 7020 无线信道仿真平台主要包含以下核心部件:

1）ZYNQ - 7020 芯片

无线信道仿真平台选用 XILINX 公司的 XC7Z020-1CLG484I 芯片,电路板上标号为 D4,该芯片采用基于 ARM 的 PS 处理单元和基于 FPGA 的 PL 控制单元,PS 单元集成了 USB、UART、Ethernet、DDR、CAN、I2C、SPI 等常用通信接口;PL 单元具备 200 个 GPIO 接口,既可满足用户进行通信控制,也可满足其进行灵活设计开发的需求。该器件为选用商业级 BGA - 484 封装,不仅可满足设计要求,也可降低设计成本,该芯片的主要参数如表 4-1 所示。

表 4-1　XC7Z020-1CLG484I 主要参数

	处理器	双核 ARM Cortex - A9 处理器(667 MHz)
	L1 缓存	32 KB 指令缓存,32 KB 数据缓存
	L2 缓存	512 KB
	片内 RAM	256 KB
PS	外部存储接口	DDR3,DDR3L,DDR2,DDR2L
	外部静态存储接口	2xQ-SPI,NAND,NOR
	外设接口	2×UART,2×CAN,2×I2C,4×32b GPIO
	DMA 外设	2×USB 2.0(OTG),2×Tri-Mode Ethernet,2×SD/SDIO
	I/O	128 个 GPIO

（续表）

	处理器	Artix‐7
	逻辑单元	85 k
PL	RAM	4.9 Mb
	DSP	220
	ADC	2×12 bit ADC,1MSPS,17 Inputs
	I/O	200 个 GPIO,4 个 PLL,4 个 MMCM

2）DDR3

电路板上有两片 Micron 公司的 DDR3 SDRAM 芯片 MT41K128M16JT‐125,电路板标号为 D6、D7,存储容量一共为 4 Gbit,数据总线宽度为 32 bit,可直接连接到 ZYNQ 的 BANK502 的 DDR3 接口上。

DDR3 运行时钟最大为 533 MHz,在硬件 PCB 设计中充分考虑到组内数据线等长处理、阻抗控制、匹配电阻等处理,以保证 DDR3 在高速数据读取的稳定性。其硬件设计原理示意图如图 4-3 所示。

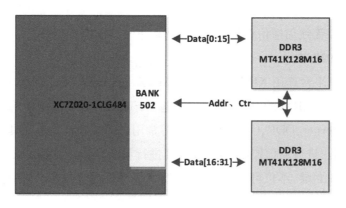

图 4-3 DDR3 硬件设计原理示意图

3）QSPI FLASH

电路板选用两片 S25FL256SAGMFI01 芯片作为 QSPI FLASH,电路板上标号为 D1、D2,其单片容量大小为 256 Mbit,在 Quad Read DDR 模式下读取速度可达 66 MB/s,支持页编程,可在 250 μs 内完成 256 Byte 数据的写入,可擦除次数为 10 万次,数据可以保存长达 20 年,方案中选用两片 QSPI FLASH,其与 PS 的接口原理如图 4-4 所示。

4）AD 芯片

根据技术要求,AD 采集电路需要完成两路差分输入信号的数据采集,其中采样率≥80 MS/s,采样位数 12 bit。本实验箱选用 ADI 公司的 AD9627ABCPZ‐105 芯片,该芯片

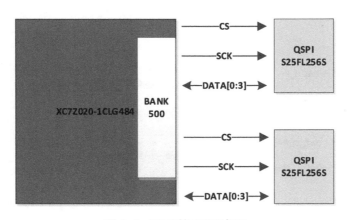

图 4-4　QSPI 接口原理框图

为双路差分输入低功耗 AD 采样芯片,采样率可达 105 MS/s,采样位数 12 bit,SNR 为 68.4 dB@220 MHz,有效采样位数 11.2 Bits@220 MHz,模拟输入带宽 650 MHz,输入摆幅为 1 Vp-p 或 2 Vp-p,输入共模电压 0~1.8 V 可调,功耗低至 600 mW@105 MHz。

ADC 采样电路原理框图如图 4-5 所示。

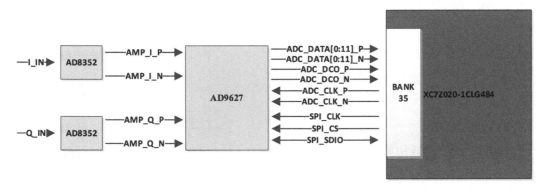

图 4-5　ADC 采样电路原理框图

FPGA 可通过 SPI 接口(SCK、SDIO、CS)对不同地址的 ADC 寄存器进行配置,主要包括:工作模式、VREF、模拟输入控制、滤波器控制等采样进行控制,采样结果通过 12 路 LVDS 接口输出到 FPGA 中。

5)DA 芯片

根据技术要求,DA 模块需要完成两路差分模拟信号输出,其中转换速率为 125 MS/s,转换位数 12 bit。

本方案选用 ADI 公司的 AD9716BCPZ DA 转换芯片,该器件为 12 bit 输入,转换速率可达 125 MS/s,输出电流为 1~4 mA,输出共模电压为 0~1.2 V,差分输出可调 0~AVDD,非线性误差(DNL)为±0.4 LSB。

DAC 采样电路原理框图如图 4-6 所示。

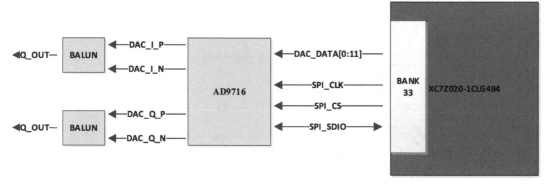

图 4-6　DAC 采样电路原理框图

6）RF 芯片

根据技术要求，RF 模块需要完成 802.11 g/b 无线数据收发以及 I、Q 通道两路差分输入、输出功能。本方案选用 MAXIM 的 MAX2830ETM＋T 芯片，该芯片收发频率为 2.4～2.5 GHz，Fref＝40 MHz，RX 通道输出共模电压 1.2 V，TX 通道输入共模电压 0.9～1.3 V。MAX2830 收发模块原理框图如图 4-7 所示。

7）显示屏

根据技术要求，选用华菱光电 5 英寸 LCD 显示屏 WF50BTIAGDNN0，分辨率为（800×480）dpi，刷新率为 60 Hz，尺寸为 120.7 mm× 75.8 mm，通过 RGB 接口与主控单元进行数据传输，LED 背光电压为 19 V，数字接口电压为 3.3 V。

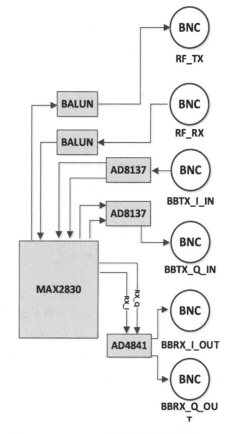

图 4-7　MAX2830 收发模块原理框图

第二篇

硬件初识篇

1

通用接口控制

1.1 实验目的

(1) 熟悉 XILINX 公司的 Vivado FPGA 集成开发环境;

(2) 熟悉 VHDL 或 Verilog HDL 硬件编程语言;

(3) 掌握硬件平台的数码管,LED 控制以及按键和拨码开关的使用。

1.2 设备需求

硬件设备	软件需求
1. 无线信道实验箱 1 台; 2. 计算机 1 台	Vivado 集成开发环境

1.3 任务描述

1.3.1 实验内容

(1) 计数器的实现以及数码管显示;

(2) 通过按键实现复位以及 LED 灯控制;

(3) 通过拨码开关控制 LED 灯的点亮方式。

1.3.2 实现方案

通过拨码开关 SW10_1～SW10_2 的高低电平来控制 LED 灯的点亮方式,通过拨码开关 SW10_3～SW10_8 和按键 SW1～SW4 实现数码管和 LED 灯的复位及控制,对应关系如表 1-1 拨码开关定义所示。

表 1-1　拨码开关定义

拨码开关	状态	取值	定义	
SW10_1～SW10_2	1	00	LED 灯不亮	数码管显示计数结果，每秒更新一次，通过按键 SW1 进行复位
	2	01	LED 灯循环点亮，通过按键 SW2 进行复位	
	3	10	LED 灯拨码点亮，拨码开关 SW10_3～SW10_8 分别对应六个 LED 灯	
	4	11	LED 灯按键点亮，通过按键 SW3 点亮前三个 LED 灯，通过按键 SW4 点亮后三个 LED 灯	

1.4　操作步骤

1）新建工程

（1）首先打开 Vivado，选择 Create Project 选项创建新的工程，输入工程名称并选择工程路径，如图 1-1 所示。

【Tips】　注意工程名称及路径不可出现中文。

图 1-1　输入工程名称

（2）选择工程类型为 RTL Project，并勾选 Do not specify sources at this time 选项，用于设置是否在创建工程向导的过程中添加设计文件，如果勾选，则不创建或者添加设计文件。界面如图 1-2 所示。

【Tips】 此处可不预先创建或者添加设计文件,之后可在工程中创建或者添加。

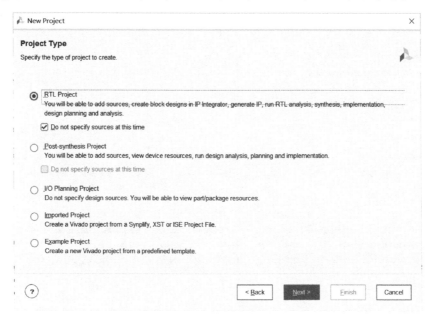

图 1-2 选择工程类型

（3）选择芯片类型为 xc7z020clg484-1。再单击 Next 按钮进入下一页,单击 Finish 按钮,就可以建立一个完整的工程。界面如图 1-3 所示。

2）创建顶层文件

（1）在项目管理区 PROJECT MANAGER 处点击 Add Sources 按钮添加代码模块。点击 Add or Create Design Sources 按钮创建设计文件,出现如图 1-4 所示的对话框。

（2）点击 Create File 按钮创建源代码文件,出现如图 1-5(a)界面,选择文件类型 File type 为 Verilog 文件,在 File name 文本框中输入文件名,例如"universal_control",建立顶层文件,单击 OK 按钮创建源文件。而后,在图 1-5(b)界面点击 Finish 按钮添加源文件到工程中。

（3）点击 OK 按钮创建模块端口,完成顶层模块的创建。如图 1-6 所示。

【Tips】 此处可不预先定义输入输出端口,之后在代码中再具体定义。

3）输入代码

仿照步骤 2 添加其他功能模块,即 LED 自动模块、按键控制 LED 模块、拨码控制 LED 模块以及数码管控制模块,并在顶层文件中例化各个模块。如图 1-7 所示。

4）设置集成逻辑分析仪（ILA）

（1）在项目管理区 PROJECT MANAGER 处点击 IP Catalog 按钮添加 IP 核（Intellectual Property Core）,在搜索框中输入 ILA 找到集成逻辑分析仪（Integrated Logic Analyzer）,并双击进入配置界面。如图 1-8 所示。

图 1-3　选择芯片类型

图 1-4 创建设计文件

（a）

（b）

图 1-5 创建源文件

图 1-6　Verilog 模块端口定义

图 1-7　模块添加及例化

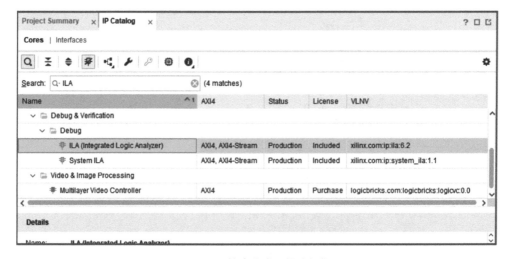

图 1-8　搜索集成逻辑分析仪

（2）依据所需观测的数据数目配置 ILA 核的探针数目 Number of Probes，根据输入观测数据位宽设定所需数据宽度 Probe Width，采样点数 Sample Data Depth 设置为1024。然后参考步骤 3 的例化方式，在顶层文件中例化 ILA 核。如图 1-9 所示。

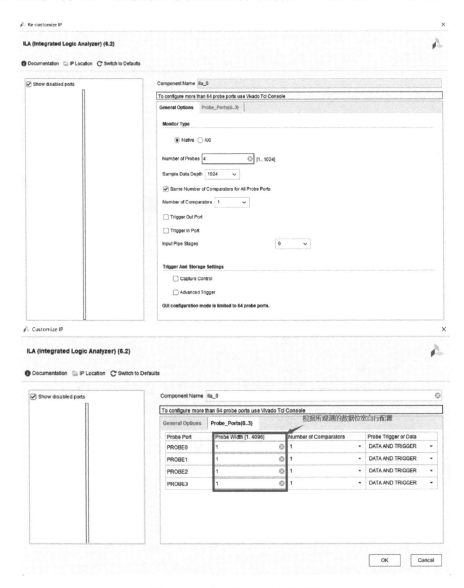

图 1-9　集成逻辑分析仪参数设置

5）添加管脚约束文件

（1）在项目管理区 PROJECT MANAGER 处点击 Add Sources 按钮，选择 Add or create constraints 添加管脚约束文件。如图 1-10 所示。

（2）选择文件类型 File type 为 XDC，在 File name 框中输入文件名称，点击 OK 按钮添加约束文件，之后单击 Finish 按钮即可完成创建。如图 1-11 所示。

图 1-10　添加管脚约束文件

图 1-11　创建管脚约束文件

（3）输入约束文件代码，部分代码如图 1-12 所示。

```
set_property PACKAGE_PIN N17 [get_ports pl_rst_n]
set_property PACKAGE_PIN M19 [get_ports pl_clk]
set_property PACKAGE_PIN N19 [get_ports {led[0]}]
set_property PACKAGE_PIN N18 [get_ports {led[1]}]
set_property PACKAGE_PIN M16 [get_ports {led[2]}]
set_property PACKAGE_PIN M15 [get_ports {led[3]}]
set_property PACKAGE_PIN P15 [get_ports {led[4]}]
set_property PACKAGE_PIN N15 [get_ports {led[5]}]
set_property PACKAGE_PIN M17 [get_ports {key[0]}]
set_property PACKAGE_PIN C18 [get_ports {key[1]}]
set_property PACKAGE_PIN B20 [get_ports {key[2]}]
set_property PACKAGE_PIN U14 [get_ports {sw[7]}]
set_property PACKAGE_PIN T4 [get_ports {sw[6]}]
set_property PACKAGE_PIN R6 [get_ports {sw[5]}]
set_property PACKAGE_PIN U5 [get_ports {sw[4]}]
set_property PACKAGE_PIN T6 [get_ports {sw[3]}]
set_property PACKAGE_PIN U6 [get_ports {sw[2]}]
set_property PACKAGE_PIN U7 [get_ports {sw[1]}]
set_property PACKAGE_PIN W5 [get_ports {sw[0]}]
set_property PACKAGE_PIN C17 [get_ports seg_clk]
set_property PACKAGE_PIN D15 [get_ports seg_cs]
set_property PACKAGE_PIN E15 [get_ports seg_din]
```

图 1-12　部分约束文件代码

6）烧录文件

（1）在编程和调试区 PROGRAM AND DEBUG 处点击 Generate Bitstream，将工程文件进行编译，综合并生成 bit 文件。如图 1-13 所示。

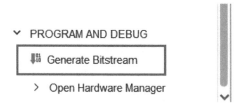

图 1-13　生成 bit 文件

（2）将实验箱接通电源并完成连接，选择 Open Target→Auto Connect 选项自动扫描连接。如图 1-14 所示。

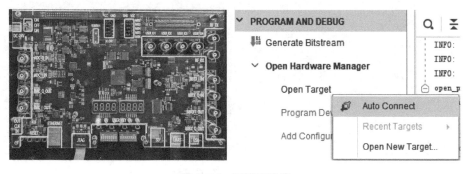

图 1-14　连接实验箱

（3）成功完成扫描后，选择 Program Device 选项会列出 JTAG 链上的器件，单击
"xc7z020_1"，选择需要下载的 bit 文件，再单击 Program 按钮即可将 bit 文件烧录到硬件
平台上，如图 1-15 所示。

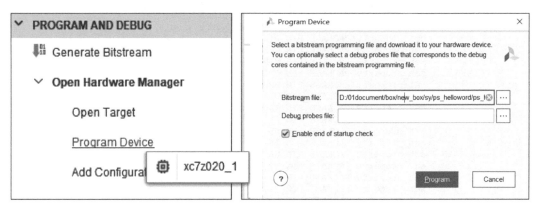

图 1-15 bit 文件烧录

7）观察实验现象

bit 文件烧录完成后，拨动实验箱拨码开关，即可观察 LED 灯及数码管的显示情况。

1.5 实验结果

1）SW10_1 和 SW10_2 为 00 时的实验结果

拨动 SW10_1 和 SW10_2 为 00，数码管开始计数，通过按键 SW1 对数码管进行复位，
数码管重新开始计数。数码管循环计数如图 1-16 所示。

图 1-16 数码管循环计数

2）SW10_1 和 SW10_2 为 01 时的实验结果

拨动 SW10_1 和 SW10_2 为 01，LED 灯以流水灯的形式循环点亮，通过按键 SW2 对
LED 灯进行复位，如图 1-17 所示。

图 1-17　LED 流水灯

3）SW10_1 和 SW10_2 为 10 时的实验结果

拨动 SW10_1 和 SW10_2 为 10，通过拨码开关 SW10_3～SW10_8 来控制 LED 灯，六
个开关与六个 LED 灯按照从左到右的顺序一一对应，如图 1-18 所示。

图 1-18　拨码点亮 LED 灯

4）SW10_1 和 SW10_2 为 11 时的实验结果

拨动 SW10_1 和 SW10_2 为 11，通过按键 SW3 和 SW4 控制 LED 灯。其中，按键 SW3 控制前三个 LED 灯，按键 SW4 控制后三个 LED 灯，如图 1-19 所示。

图 1-19　按键控制 LED 灯

【思考题】　阐述按键抖动的原理，并给出一种消除按键抖动的实现方案。

2

LCD 屏显示

2.1 实验目的

(1) 熟悉液晶显示屏显示的基本原理;

(2) 熟悉 VHDL 或 Verilog HDL 硬件编程语言;

(3) 熟悉 XILINX 公司的 Vivado FPGA 开发环境;

(4) 掌握字模软件产生字模的方法。

2.2 设备需求

硬件设备	软件需求
1. 无线信道实验箱 1 台; 2. 计算机一台	1. 字模生成软件; 2. Vivado 集成开发环境

2.3 任务描述

2.3.1 实验内容

1) 使用字模软件生成字模字样

(1) 文字:南京航空航天大学,电子信息工程学院,无线衰落信道综合实验,南京航空航天大学 logo 图形;

(2) 数字:日期(2022-01-01),时间(00:00:00)。

2) 在液晶显示屏上显示静态文字和动态数字

(1) 在显示屏上合适位置显示三行文字及南京航空航天大学 logo 图形;

(2) 在显示屏中间位置显示万年历,即动态的日期与时间;

（3）在液晶显示屏合适位置同时显示三行文字、南京航空航天大学 logo 图形、右半部分及万年历。

2.3.2 实现方案

1）生成字模

使用字模软件生成字模字样静态文字：南京航空航天大学，电子信息工程学院，无线衰落信道综合实验，南京航空航天大学 logo 图形；动态数字：日期（2022-01-01），时间（00:00:00）。

2）LCD 屏显示

通过拨码开关 SW 控制显示屏上只出现静态文字、只出现动态数字以及同时出现静态文字与动态数字三种情况。实验箱系统功能模块如图 2-1 所示，拨码开关功能表如表 2-1 所示。

表 2-1 拨码开关功能表

拨码开关	取值	定义
SW	00	只出现静态文字
	01	只出现动态数字
	10	同时出现静态文字与动态数字
	11	无显示

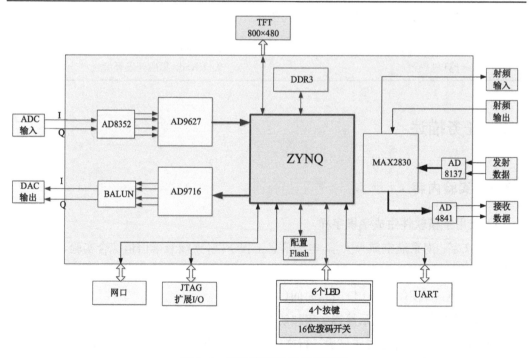

图 2-1 实验箱 LCD 功能模块图

2.3.3 液晶显示屏基本原理

本实验采用的液晶显示屏是薄膜晶体管(Thin Film Transistor,TFT)型,即每个液晶像素点都由集成在像素点后面的薄膜晶体管来驱动,从而可以做到高速度、高亮度、高对比度显示屏幕信息,是目前最好的 LCD 彩色显示设备之一,其效果接近 CRT 显示器,是现在笔记本电脑和台式机上的主流显示设备。TFT 的每个像素点都是由集成在自身上的 TFT 来控制的,是有源像素点。因此,不但速度可以极大地提高,而且对比度和亮度也大大提高了,同时分辨率也达到了很高水平。

本实验采用的液晶显示屏是 5 英寸(800×480)dpi 的分辨率,即横向排列 800 个像素点乘以纵向排列 480 个像素点,其控制显示原理如图 2-2 所示。

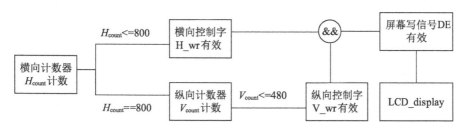

图 2-2 LCD 控制显示原理

当写信号 DE 有效时,LCD 就会点亮相应的像素点,显示颜色为 RGB 格式,由用户自己设定,如 LCDR=255,LCDG=255,LCDB=255,则屏幕对应像素点显示为白色。

2.3.4 LCD 显示字模原理

当生成字模为宽 D、高 H 的模块,在 $H_{count}<800$,$V_{count}<480$ 时,令 $\Delta H_{count}=D$,$\Delta V_{count}=H$,则在相应的屏幕位置显示出字模模块。例如:

(1) $D=500-300$,$H=320-160$ 时,在屏幕中间区域显示字模模块;

(2) $D=200-0$,$H=100-0$ 时,在屏幕左上角区域显示字模模块。

2.4 操作步骤

1)配置字模字体

打开字模生成软件,在字符输入框中输入要产生的字模,并设置字模宽、高,然后点击"选择字体"按钮,在弹出界面中可以设置字体,字体要和字模大小相匹配,否则会导致字过小或者过大。字模软件界面如图 2-3 所示。

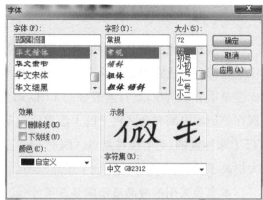

图 2-3　字模软件界面

2）生成字模数据

点击左上角的预览框,可以查看显示效果,根据效果可更改字模大小或者字体大小,以达到所需效果,然后点击生成字模按钮,在软件界面下半部分将生成最终字模的 16 进制数组。字模预览与生成界面如图 2-4 所示。

图 2-4　字模预览与生成界面

3）生成 coe 文件

打开 Windows 自带的记事本程序,将字模数组复制到记事本中,删除所有说明行,替换所有的"0x"和",",为空白,将 16 进制从 0 到 F 的字符依次换成二进制 0000 到 1111,再将"0"换成"0,","1"换成"1,",将末尾逗号换成分号,最后在开头添加如图 2-5 所示的两行字符。由于字本身占据字模块的像素点比例微小,所以开头几行数组全为 0。最后将该文件另存为 coe 文件,文件名如"zimo. coe"。

4）新建工程

打开 Vivado,点击 File→Project→New,输入工程名称和工程路径,设置器件类型和

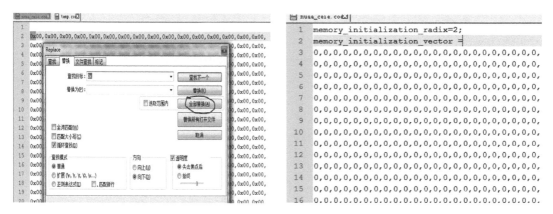

图 2-5　生成字模文件

仿真参数，如图 2-6 所示。

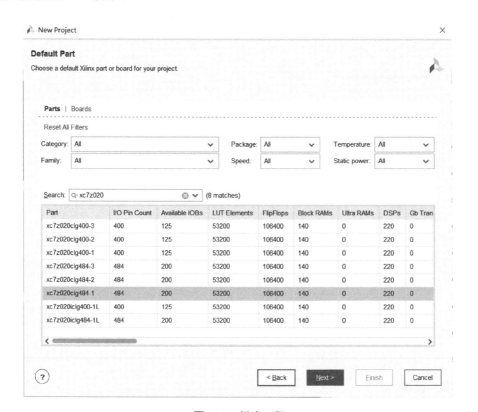

图 2-6　新建工程

5）创建顶层文件

在 Source 工作区单击右键，选择 Add Sources 添加设计文件，文件类型选择 Verilog
Moudule，在 File name 栏中输入文件名，建立顶层文件，编写顶层控制代码，如图 2-7
所示。

图 2-7　新建顶层文件

6) 输入代码

（1）用与步骤 5 一样的方式分别建立静态文字显示控制模块和动态数字显示控制模块，如图 2-8 所示。

（2）在项目管理区 PROJECT MANAGER 处点击 IP Catalog 按钮添加 IP 核（Intellectual Property Core），在

图 2-8　新建显示模块

搜索框中输入 Block 找到对应 IP 核,双击打开,在 Component name 栏中输入文件名 rom,在 Memory Type 下选择 Single Port ROM,在 Read Width 选项中设置为 1,Read Depth 选项根据字模数据大小设置深度,如图 2-9 所示。

图 2-9 新建 ROM IP 核

在 Memory Initialzation 选项中,勾选 Load Init File,并载入存储有字模数据的 coe 文件。配置完成后单击 OK 按钮建立 ROM IP 核,存储字模软件生成的字模数据。如图 2-10 所示。

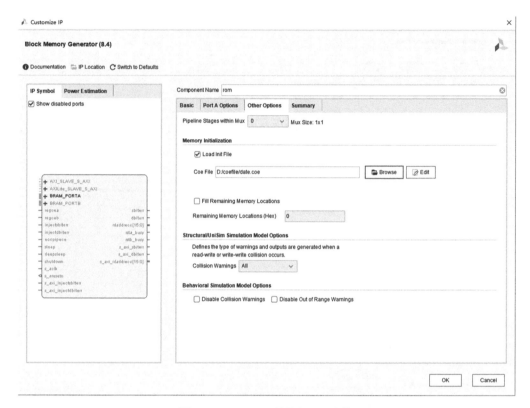

图 2-10 ROM IP 核添加 coe 文件

7) 添加管脚约束文件

在项目管理区 PROJECT MANAGER 处点击 Add Sources 按钮,选择 Add or create constraints 添加管脚约束文件,选择文件类型 File type 为 XDC,在 File name 框中输入文件名称,点击 Finish 按钮添加空白约束文件,然后结合实验箱的管脚编写约束代码写入约束文件即可。

8) 烧录文件

在编程和调试区 PROGRAM AND DEBUG 处点击 Generate Bitstream,将工程文件进行编译、综合并生成 bit 文件;将实验箱接通电源并完成连接,选择 Open Target→Auto Connect 选项自动扫描连接,然后选择 Program Device 选项,单击"xc7z020_1",选择需要下载的 bit 文件,即可将 bit 文件烧录到硬件平台上。如图 2-11 所示。

9) 观察实验现象

bit 文件烧录完成后,拨动拨码开关,观察 LCD 屏上显示的内容。

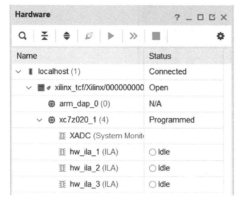

图 2-11　生成 bit 文件并写入实验箱

2.5　实验结果

1）静态文字显示

当拨码开关为 00 时,显示屏上半部显示三行静态文字,下半部中间位置处显示南京航空航天大学 logo 图形,如图 2-12所示。

2）动态时间显示

当拨码开关为 01 时,显示屏显示动态数字,如图 2-13 所示。

图 2-12　静态文字、logo 图形实验结果

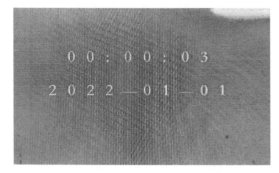
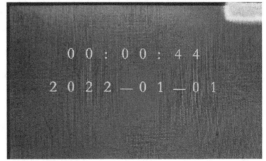

图 2-13　动态数字实验结果

3）动静结合显示

当拨码开关为 11 时,显示屏同时显示静态文字、logo 图形以及动态数字,如图 2-14所示。

图 2-14 动静结合实验结果

【思考题】 尝试通过实验箱上拨码开关和按键设置显示的日期和时间。

3

网口控制通信

3.1 实验目的

(1) 熟悉 VHDL 或 Verilog HDL 硬件编程语言；

(2) 熟悉 XILINX 公司的 Vivado FPGA 开发环境；

(3) 熟悉 LwIP 通信协议；

(4) 掌握基于 FPGA 的网口通信实现。

3.2 设备需求

硬件设备	软件需求
1. 无线信道实验箱1台； 2. 计算机1台	1. Vivado 集成开发环境； 2. 网口调试助手软件

3.3 任务描述

● 实验内容

利用 Vivado 的软件开发工具包(Software Development Kit,SDK)自带的 LwIP Echo Server 例程模板,初步了解网口的使用。

● 实现方案

基于 LwIP Echo Server 例程模板,首先通过 UART 串口将实验箱的 IP 地址及远程网络接口传输给上位机,然后在上位机上利用网口调试助手将数据经网口发送到实验箱上的 ZYNQ 芯片,实验箱接收到数据后再将数据通过网口返回到上位机,完成一次网口通信。网口通信实现方案如图 3-1 所示。

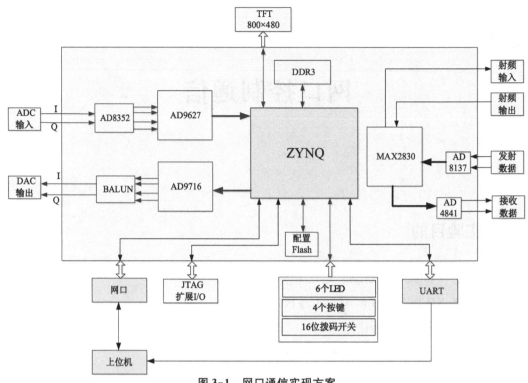

图 3-1　网口通信实现方案

3.4　操作步骤

1）新建工程

打开 Vivado,点击 File→Project→New,输入工程名称和工程路径,设置器件类型和仿真参数。如图 3-2 所示。

2）创建块设计

单击 IP INTEGRATOR→Create Block Design 创建一个块设计,输入设计名称(Design name)为 System。如图 3-3 所示。

3）配置 IP 核

点击 IP Catalog 按钮,添加 ZYNQ7 Processing System IP 核,然后单击 Run Block Automation 按钮进行自动连线,再双击 ZYNQ7 Processing System IP 核打开 IP 核配置窗口。图 3-4 为添加 ZYNQ 芯片 IP 核。

为了与硬件配置相对应,在重定义端口对 ZYNQ7 Processing System 进行如下设置:配置内存芯片型号 Memory Part 为 MT41J256M16(图 3-5);配置 Bank0 电压为 LVCMOS 3.3 V,配置 Bank1 电压为 LVCMOS 1.8 V(图 3-6);配置串口为 UART0(图 3-7);配置网口速度 Speed 为 fast(图 3-8)。

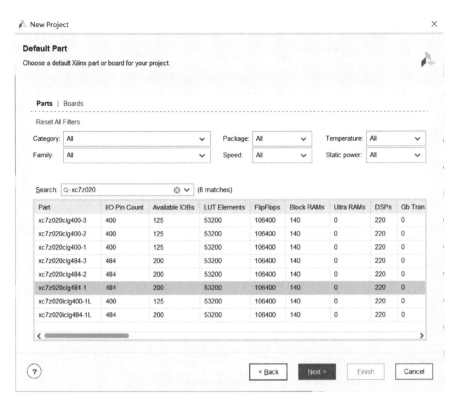

图 3-2 新建工程

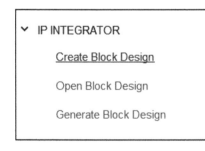
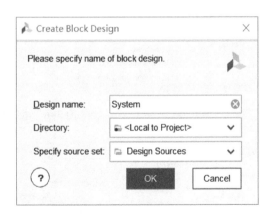

图 3-3 创建块设计

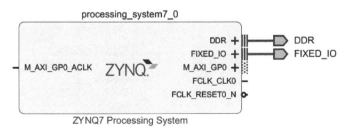

图 3-4 添加 ZYNQ 芯片 IP 核

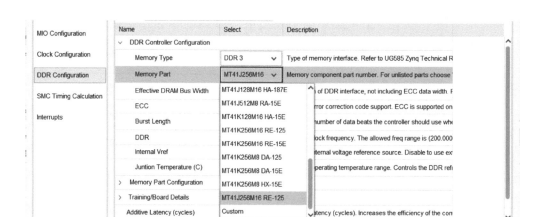

图 3-5　内存配置

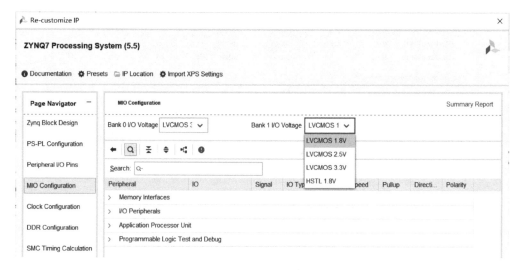

图 3-6　电压配置

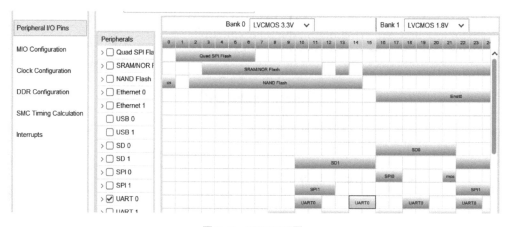

图 3-7　UART 配置

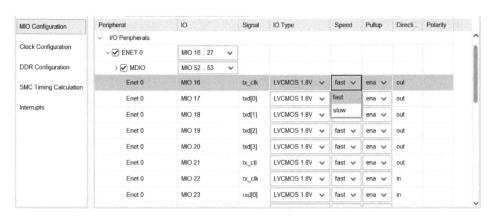

图 3-8 以太网配置

4）生成顶层 HDL

在 Sources 面板中，右键点击 Block Design 设计文件"System. bd"，然后依次执行"Generate Output Products"创建一个输出工程和"Create HDL Wrapper"生成顶层 HDL 文件。

5）导出到 SDK

由于本实验未用到 PL 部分，所以无需生成 Bitstream 文件，在菜单栏中选择 File→Export→Export hardware 将硬件信息导出到 SDK。

6）启动 SDK

硬件导出完成后，选择菜单 File→Launch SDK 启动 SDK 开发环境。在菜单栏中选择 File→New→Application Project 新建一个 SDK 应用工程（图 3-9）。

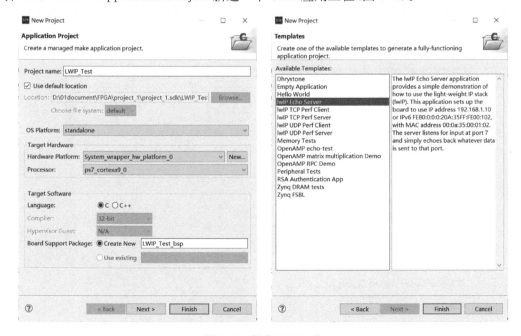

图 3-9 新建 SDK 工程

7）调试工程

实验箱上电，连接好网口与串口，右击建立的工程 → Debug As → Debug Configurations，双击 Xilinx C/C++application(System Debugger)新建和生成调试文件，然后选中 Reset entire system，再点击 Apply 按钮，最后点击 Debug 按钮。如图 3-10 所示。

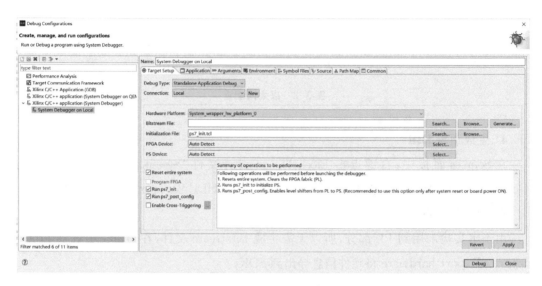

图 3-10　工程调试

8）打印串口信息

打印运行之后的串口信息，得到实验箱 IP 地址以及传输端口，利用网络助手实现网口通信，如图 3-11 所示。

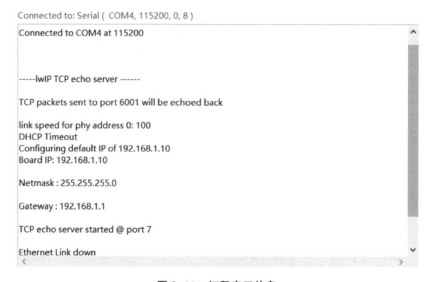

图 3-11　打印串口信息

3.5　实验结果

　　打开网络调试助手软件,将协议类型设置为 TCP Client,并根据串口传回来的信息,将远程主机地址设置为 192.168.1.10,远程主机端口为 7,然后点击连接按钮。在数据发送窗口发送数据到实验箱后,该数据会被实验箱通过网口再次传回上位机,如图 3-12 所示。

图 3-12　网口通信实验结果

　　【思考题】　能否对传送到实验箱的数据进行处理后再传回上位机?

4

数模/模数变换

4.1 实验目的

(1) 熟悉 DDS 的基本原理;

(2) 熟悉 VHDL 或 Verilog HDL 硬件编程语言;

(3) 熟悉 XILINX 公司的 Vivado FPGA 开发环境;

(4) 掌握数模(Digital to Analog,DA)、模数(Analog to Digital,AD)变换的控制方法;

(5) 掌握 Vivado 中利用集成逻辑分析仪抓取波形的方法。

4.2 设备需求

硬件设备	软件需求
1. 无线信道实验箱 1 台; 2. 信号发生器 1 台; 3. 示波器 1 台	Vivado 集成开发环境

4.3 任务描述

4.3.1 实验内容

(1) 调用直接数字式频率合成器(Direct Digital Synthesizer,DDS)的 IP 核产生内部正弦信号,控制 AD 对外部输入信号采样;

(2) 切换拨码开关选择信号源,控制 DA 输出波形,并通过集成逻辑分析仪和示波器观察。

4.3.2 实现方案

DDS 信号源和 AD/DA 实验的实现方案如图 4-1 所示,首先调用 DDS IP 核产生内部 1 MHz、20 MHz 和 40 MHz 三个正余弦信号,通过开关选择信号是 DDS 产生的还是外部 AD 采样得到的,将信号通过 DA 输出观测。

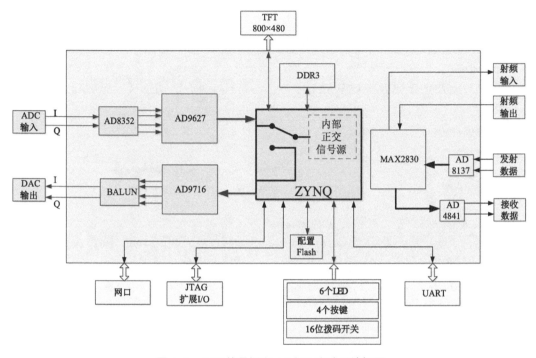

图 4-1 DDS 信号源和 AD/DA 实验系统框图

系统参数:

(1) 系统时钟 120 MHz,AD 采样率 40 MHz,DA 采样率 120 MHz;

(2) 内部正交信号源频率为 1 MHz、20 MHz、40 MHz;

(3) 外部信号源频率范围 100 kHz~2 MHz。

拨码开关及按键定义如表 4-1 所示。

表 4-1 拨码开关及按键定义

拨码开关	取值	定义
SW10_7~SW10_8	00	内部源(1 MHz)
	01	内部源(20 MHz)
	10	内部源(40 MHz)
	11	外部源

4.4　操作步骤

1）新建工程

打开 Vivado，点击 File→Project→New，输入工程名称和工程路径，设置器件类型和仿真参数（图 4-2）。

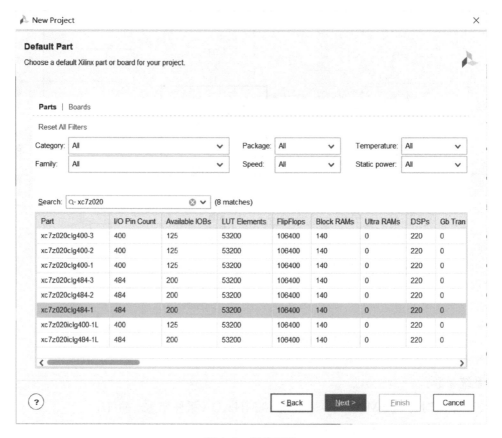

图 4-2　新建工程

2）创建顶层文件

在 Source 工作区单击右键，选择 Add Sources 添加设计文件，文件类型选择 Verilog Moudule，在 File name 栏中输入文件名，建立顶层文件，编写顶层控制代码（图 4-3）。

3）添加信号产生模块（DDS）

在项目管理区 PROJECT MANAGER 处点击 IP Catalog 按钮添加 IP 核（Intellectual Property Core），在搜索框中输入 DDS 找到直接数字式频率合成器，并双击。调用 DDS IP 核分别产生 1 MHz、20 MHz 和 40 MHz 的正弦信号，DDS 配置界面如图 4-4 所示。

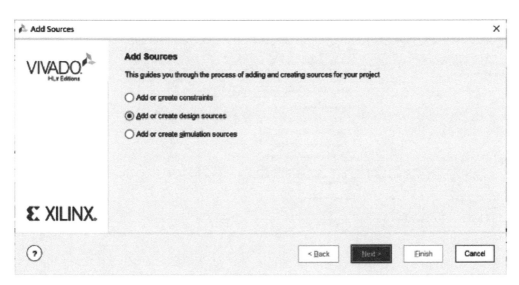

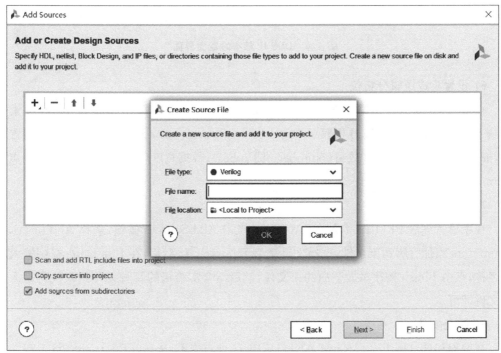

图 4-3 新建顶层文件

4) 添加输入信号选择模块

仿照步骤2,添加输入信号选择模块,控制 AD 芯片获得外部输入信号,通过开关选择测试信号为内部源还是外部信号源。

5) 添加 DA 模块

仿照步骤2,添加信号输出模块,编写代码控制 DA 芯片输出内部源或者外部源信号。

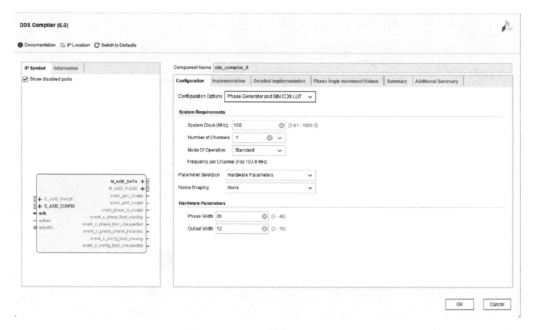

图 4-4　DDS IP 核参数配置界面

6）设置集成逻辑分析仪

在项目管理区 PROJECT MANAGER 处点击 IP Catalog 按钮添加 IP 核，在搜索框中输入 ILA 找到集成逻辑分析仪（Integrated Logic Analyzer，ILA），并双击进入配置界面，根据观测数据配置探针数目（Number of Probes）、数据宽度（Probe Width）及采样点数（Sample Data Depth）（图 4-5）。

7）添加管脚约束文件

在项目管理区 PROJECT MANAGER 处点击 Add Sources 按钮，选择 Add or create constraints 添加管脚约束文件，选择文件类型 File type 为 XDC，在 File name 框中输入文件名称，点击 Finish 按钮添加空白约束文件，然后结合实验箱的管脚编写约束代码写入约束文件即可。

8）烧录文件

在编程和调试区 PROGRAM AND DEBUG 处点击 Generate Bitstream，将工程文件进行编译、综合并生成 bit 文件；将实验箱接通电源并完成连接，选择 Open Target→Auto Connect 选项自动扫描连接，然后选择 Program Device 选项，单击"xc7z020_1"，选择需要下载的 bit 文件，即可将 bit 文件烧录到硬件平台上（图 4-6）。

9）观察实验现象

bit 文件烧录完成后，连接信号发生器、实验箱和示波器，拨动拨码开关，观察 ILA 抓取波形以及示波器显示的波形。

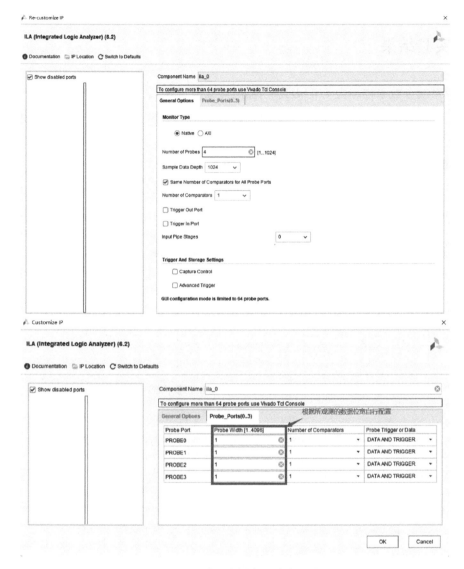

图 4-5 集成逻辑分析仪参数设置

图 4-6 bit 文件烧录

4.5 实验结果

设置系统参数采样率为 120 MHz,内部信号源为 1 MHz、20 MHz 和 40 MHz。通过拨码开关选择信号源为内部源还是外部源以及内部源的频率,通过 ILA 和示波器观察 DA 输出波形。

1) 集成逻辑分析仪观测

集成逻辑分析仪观测到的 1 MHz、20 MHz 以及 40 MHz 内部源输出波形如图 4-7、图 4-8 和图 4-9 所示。

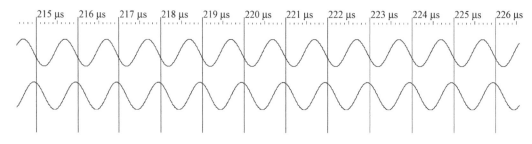

图 4-7　DDS 产生的两路 1 MHz 正交内部信号源

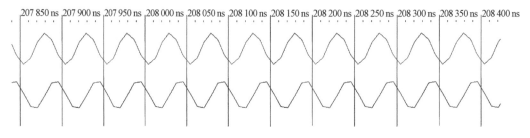

图 4-8　DDS 产生的两路 20 MHz 正交内部信号源

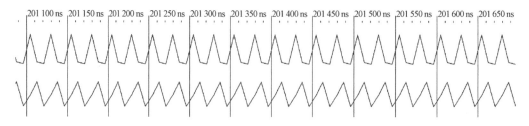

图 4-9　DDS 产生的两路 40 MHz 正交内部信号源

2) 示波器观测波形

示波器观测到的 1 MHz、20 MHz 以及 40 MHz 内部信号源输出波形如图 4-10～

4-12；观测到的外部信号源输出波形如图 4-13。

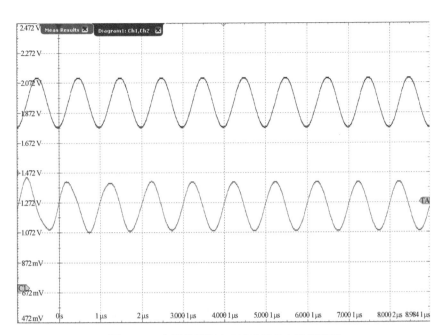

图 4-10 内部信号源（1 MHz）经 DA 输出波形

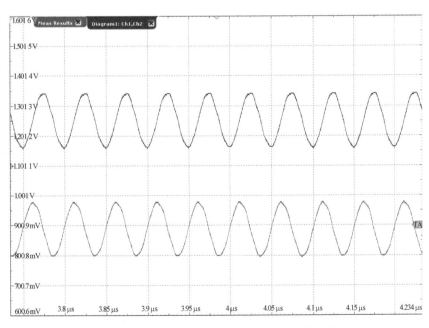

图 4-11 内部信号源（20 MHz）经 DA 输出波形

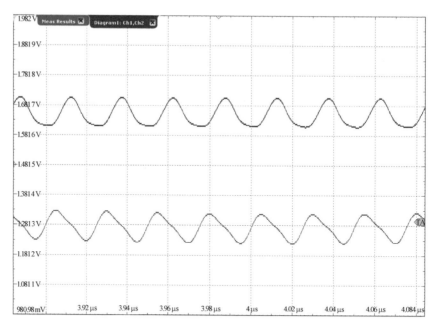

图 4-12 内部信号源(40 MHz)经 DA 输出波形

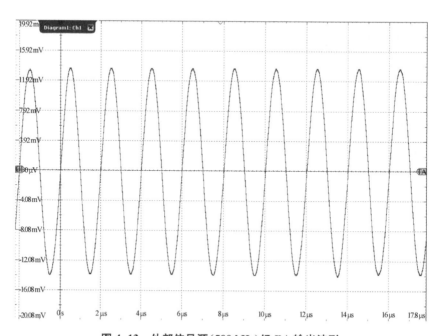

图 4-13 外部信号源(500 kHz)经 DA 输出波形

【思考题】 尝试分析随着信号频率增大,DA 输出波形发生变化的原理。

第三篇

入门实践篇

5

模拟通信系统设计实现

5.1 实验目的

(1) 熟悉 Vivado 集成开发环境；

(2) 熟悉 VHDL 或 Verilog HDL 硬件编程语言；

(3) 熟悉 AM/DSB/SSB/FM/PM 模拟调制原理及特点；

(4) 掌握用 MATLAB 设计 FIR 滤波器的方法；

(5) 掌握 AM/DSB/SSB/FM/PM 调制的 FPGA 实现。

5.2 设备需求

硬件设备	软件需求
1. 无线信道实验箱 1 台； 2. 信号发生器 1 台； 3. 示波器 1 台； 4. 频谱仪 1 台	1. Vivado 集成开发环境； 2. Modelsim 软件； 3. MATLAB 软件

5.3 任务描述

5.3.1 实验内容

(1) 系统参数：系统采样频率 120 MHz，载波 12 MHz，AM、DSB、USB/LSB 调制的内部信息信号为 2 MHz，FM/PM 调制的信息信号频率为 400 kHz；

(2) 通过拨码开关选择调制方式，对信息信号分别进行 AM、DSB、USB/LSB、FM/PM 调制，并进行相应的解调；

(3) 通过 ILA 观察调制/解调后的波；

（4）通过示波器和频谱仪观察调制解调波形和频谱。

5.3.2 基本实现方案

基本实现方框图如图 5-1 所示。

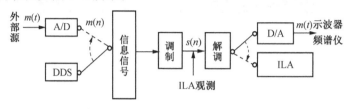

图 5-1 实现方框图

基于 FPGA 硬件平台实现框图如图 5-2 所示。拨码开关定义方式如表 5-1 所示。

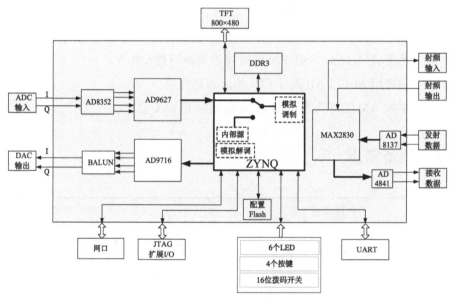

图 5-2 基于 FPGA 硬件平台实现框图

表 5-1 拨码开关定义方式

拨码开关	取值	定义
	0000	AM(K=1)
	0001	AM(K=0.5)
	010x	DSB
	0010	LSB
SW10_5～SW10_8	0011	USB
	0110	FM(mf=1)
	0111	FM(mf=2.4)
	1000	PM(mp=1)
	1001	PM(mp=2.4)

5.4 预备知识

调制是指把信号转化为适合在信道中传输形式的一种过程,最常用的模拟调制方式有幅度调制和角度调制两种。

5.4.1 幅度调制

设正弦载波 $s(t)=A\cos(\omega_c t+\varphi_0)$,其中 A 为载波幅度;ω_c 为载波角频率;φ_0 为载波初始相位(一般为 0)。则幅度调制信号可表示为

$$s_m(t)=Am(t)\cos(\omega_c t+\varphi_0) \tag{5-1}$$

其中,$m(t)$ 为信息信号。将得到的信号通过不同类型的滤波器可得到各种幅度调制信号,幅度调制滤波法模型如图 5-3。

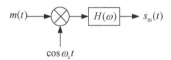

图 5-3 幅度调制滤波法模型

假设信息信号 $m(t)$ 均值为 0,将其叠加直流偏量 A_0,且 $A_0 \geqslant |m(t)|_{max}$,当 $H(\omega)$ 为理想低通滤波器即可输出调幅(Amplitude Modulation,AM)信号,如图 5-4 所示。对应时域表达式为

$$s_{AM}(t)=[A_0+m(t)]\cos\omega_c t=A_0\cos\omega_c t+m(t)\cos\omega_c t \tag{5-2}$$

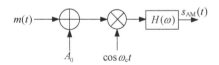

图 5-4 AM 调制模型

设信息信号最高频率为 f_H,由于 AM 信号为带有载波的双边带信号,带宽为基带信号带宽的两倍,即

$$B_{AM}=2B_m=2f_H \tag{5-3}$$

其中,$B_m=f_H$ 为信息信号带宽。采用包络检波法对 AM 调制信号进行解调时,为了保证波形不失真,必须满足 $A_0 \leqslant |m(t)|_{max}$,否则将出现过调幅现象而带来失真。

当 AM 调制模型中没有直流,输出即为双边带(Double Side Band,DSB)信号(如图 5-5 所示),对应时域表达式为

$$s_{\mathrm{DSB}} = m(t)\cos \omega_c t \tag{5-4}$$

其中,$m(t)$ 表示均值为零的信息信号。

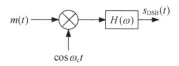

图 5-5 DSB 调制模型

DSB 信号频谱不含有载频分量,由上下对称的两个边带组成,带宽与 AM 信号相同,即

$$B_{\mathrm{DSB}} = B_{\mathrm{AM}} = 2B_m = 2f_H \tag{5-5}$$

其中,f_H 为信息信号的最高频率。

信息信号双边带调制后,频谱关于载波对称,实际中只需传输单个边带,就可完全恢复出原始信息信号,即单边带调制(Single Side Band, SSB)。

滤波法可以实现单边带调制,其基本实现原理如图 5-6 所示。其中,$H(\omega)$ 表示单边带滤波器的传输函数。

当 $H(\omega)$ 具有理想高通特性,即

$$H(\omega) = H_{\mathrm{USB}}(\omega) = \begin{cases} 1, & |\omega| \geqslant \omega_c \\ 0, & |\omega| < \omega_c \end{cases} \tag{5-6}$$

它可以滤除下边带,保留上边带(Upper Side Band,USB);

当 $H(\omega)$ 具有理想低通特性,即

$$H(\omega) = H_{\mathrm{LSB}}(\omega) = \begin{cases} 1, & |\omega| < \omega_c \\ 0, & |\omega| \geqslant \omega_c \end{cases} \tag{5-7}$$

它可以滤除上边带,保留下边带(Lower Side Band, LSB)。

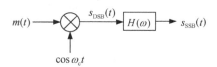

图 5-6 SSB 调制模型

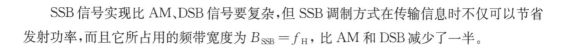

SSB 信号实现比 AM、DSB 信号要复杂,但 SSB 调制方式在传输信息时不仅可以节省发射功率,而且它所占用的频带宽度为 $B_{SSB} = f_H$,比 AM 和 DSB 减少了一半。

5.4.2　角度调制

角度调制信号的一般表达式为

$$s_m(t) = A\cos\left[\omega_c t + \varphi(t)\right] \tag{5-8}$$

其中,A 为载波幅度;$\left[\omega_c t + \varphi(t)\right]$ 为信号的瞬时相位,记为 $\theta(t)$;$\varphi(t)$ 为相对于载波相位 $\omega_c t$ 的瞬时相位偏移;$d\left[\omega_c t + \varphi(t)\right]/dt$ 是信号的瞬时角频率,记为 $\omega(t)$;而 $d\varphi(t)/dt$ 则为相对于载频 ω_c 的瞬时频偏。

相位调制(Phase Modulation,PM)是指瞬时相位偏移随信息信号 $m(t)$ 作线性变化,即

$$\varphi(t) = K_p m(t) \tag{5-9}$$

其中,K_p 为调相灵敏度(rad/V)。

频率调制(Frequency Modulation,FM)是指瞬时频率偏移随信息信号 $m(t)$ 成比例变化,即

$$\frac{d\varphi(t)}{dt} = K_f m(t) \tag{5-10}$$

其中,K_f 为调频灵敏度 $\left[rad/(s \cdot V)\right]$。 相位偏移为

$$\varphi(t) = K_f \int m(\tau) d\tau \tag{5-11}$$

设信息信号为单音正弦波,可表示为

$$m(t) = A_m \cos \omega_m t \tag{5-12}$$

其中,A_m 及 ω_m 为此单音正弦信号的幅度与角频率。

当它对载波进行相位调制时,对应 PM 信号为

$$s_{PM}(t) = A\cos\left[\omega_c t + K_p A_m \cos \omega_m t\right] = A\cos\left[\omega_c t + m_p \cos \omega_m t\right] \tag{5-13}$$

其中,$m_p = K_p A_m$ 称为调相指数,也等于最大相位偏移。

若进行频率调制时,对应 FM 信号为

$$s_{FM}(t) = A\cos\left(\omega_c t + K_f A_m \int \cos \omega_m \tau d\tau\right) = A\cos\left(\omega_c t + m_f \sin \omega_m t\right) \tag{5-14}$$

其中,m_f 称为调频指数(即最大相位偏移),可表示为

$$m_{\mathrm{f}} = \frac{K_{\mathrm{f}} A_{\mathrm{m}}}{\omega_{\mathrm{m}}} = \frac{\Delta \omega}{\omega_{\mathrm{m}}} = \frac{\Delta f}{f_{\mathrm{m}}} \tag{5-15}$$

式中，$\Delta \omega = K_{\mathrm{f}} A_{\mathrm{m}}$ 为最大角频偏；$\Delta f = m_{\mathrm{f}} \cdot f_{\mathrm{m}}$ 为最大频偏。

对 FM 调制，结合 DDS IP 核的输出频率特性，输出频率可表示为

$$f_{\mathrm{out}} = \frac{\Delta \theta}{2^N} \cdot f_{\mathrm{clk}} \tag{5-16}$$

其中，f_{clk} 为输入的系统时钟；$\Delta \theta$ 为相位增量；N 为相位宽度。可见输出频率随 $\Delta \theta$ 线性变化。所以我们仅需将信息信号作为相位增量输入到 DDS 核中即可实现 FM 调制。对于单音信号，结合公式(5-15)、(5-16)可得

$$m_{\mathrm{f}} = \frac{\Delta f}{f_{\mathrm{m}}} = \frac{\dfrac{\Delta \theta_{\max}}{2^N} \cdot f_{\mathrm{clk}}}{f_{\mathrm{m}}} = \frac{K_{\mathrm{FM}} A_{\mathrm{m}} f_{\mathrm{clk}}}{2^N f_{\mathrm{m}}} \tag{5-17}$$

由上式可得，改变 K_{FM} 的大小即可控制调频指数 m_{f}。

对 PM 调制，我们可以用信息信号控制 DDS 的相位偏移，从而使载波信号的相位偏移随信息信号 m_{f} 作线性变化，实现 PM 调制。将其看作 FM 调制计算可得

$$\Delta \theta_{\max} = \frac{K_{\mathrm{PM}} \omega_{\mathrm{m}} A_{\mathrm{m}}}{f_{\mathrm{clk}}} = \frac{2\pi K_{\mathrm{PM}} A_{\mathrm{m}} f_{\mathrm{m}}}{f_{\mathrm{clk}}} \tag{5-18}$$

$$m_{\mathrm{p}} = \frac{2\pi K_{\mathrm{PM}} A_{\mathrm{m}}}{2^N} \tag{5-19}$$

5.4.3　幅度调制解调

幅度调制都属于线性调制，它的解调方式有两种：相干解调和非相干解调。非相干解调利用信号的幅度信息，仅适用于标准 AM 调制。相干解调由本地载波参与解调，利用信号的幅度信息和相位信息，可适用于各种幅度调制信号的解调。相干解调模型如图 5-7 所示。

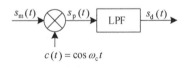

图 5-7　相干解调模型

AM 调制乘以相干载波后得

$$s_{\mathrm{p}}(t) = [A_0 + m(t)] \cos \omega_{\mathrm{c}} t \cos \omega_{\mathrm{c}} t$$
$$= \frac{1}{2} [A_0 + m(t)](1 + \cos 2\omega_{\mathrm{c}} t) \tag{5-20}$$

经过低通滤波器和隔直流后得到

$$s_{\mathrm{d}}(t) = \frac{1}{2} m(t) \tag{5-21}$$

DSB 调制乘以相干载波后得

$$s_p = m(t)\cos^2\omega_c t = \frac{1}{2}m(t)(1+\cos 2\omega_c t) \qquad (5\text{-}22)$$

经低通滤波器后得到

$$s_d(t) = \frac{1}{2}m(t) \qquad (5\text{-}23)$$

SSB 调制乘以相干载波后得

$$s_p = \frac{1}{2}m(t)\cos^2\omega_c t \mp \frac{1}{2}\hat{m}(t)\sin\omega_c t\cos\omega_c t$$
$$= \frac{1}{4}\left[m(t) + m(t)\cos 2\omega_c t \mp \hat{m}(t)\sin 2\omega_c t\right] \qquad (5\text{-}24)$$

其中，$\hat{m}(t)$ 表示 $m(t)$ 的希尔伯特变换。

经低通滤波器后得到

$$s_d(t) = \frac{1}{4}m(t) \qquad (5\text{-}25)$$

5.4.4 角度调制解调

角度调制信号乘以余弦相干载波后得

$$s_i(t) = A\cos\left[\omega_c t + \varphi(t)\right]\cos(\omega_c t)$$
$$= A\{\cos(\omega_c t)\cos\left[\varphi(t)\right] - \sin(\omega_c t)\sin\left[\varphi(t)\right]\}\cos(\omega_c t)$$
$$= \frac{1}{2}A\{(1+\cos 2\omega_c t)\cos\left[\varphi(t)\right] - \sin 2\omega_c t\sin\left[\varphi(t)\right]\} \qquad (5\text{-}26)$$

经过低通滤波器后得到

$$s_i'(t) = \frac{1}{2}A\cos\left[\varphi(t)\right] \qquad (5\text{-}27)$$

同理可得信号乘以正弦相干载波后得

$$s_q(t) = -\frac{1}{2}A\sin\left[\varphi(t)\right] \qquad (5\text{-}28)$$

得到的两路信号通过一定的解调算法即可得到原来的信息信号。角度调制解调模型如图 5-8。

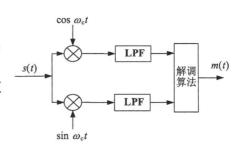

图 5-8 角度调制解调模型

5.5　操作步骤

1）新建工程

打开 Vivado,点击 File→Project→New,输入工程名称和工程路径,设置器件类型和仿真参数(图 5-9)。

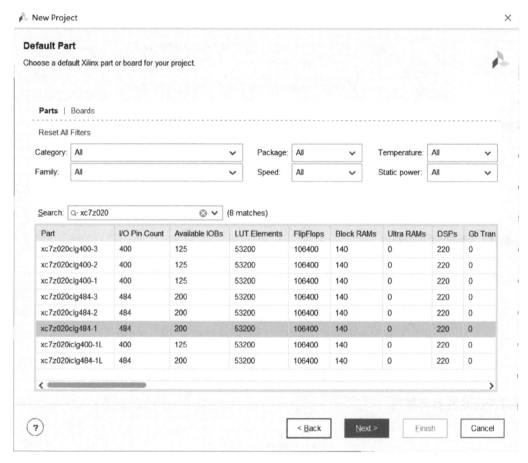

图 5-9　新建工程

2）创建顶层文件

在 Source 工作区单击右键,选择 Add Sources 添加设计文件,文件类型选择 Verilog Moudule,在 File name 栏中输入文件名,建立顶层文件,编写顶层控制代码(图 5-10)。

3）添加 DDS IP 核

配置 DDS 产生两路频率为 12 MHz 的正交载波信号,设置采样频率为 120 MHz。对应图 5-11。

图 5-10　创建顶层文件

4) 创建信息信号波形产生模块

仿照步骤 2 和 3,创建信息信号产生模块,信息信号频率分别为 2 MHz 和 400 kHz,采样频率为 120 MHz。

5) 配置 AD 芯片

添加信号选择模块,配置 AD 芯片使外部信号能够输入到 FPGA,通过拨码开关选择信息信号是由内部 DDS 产生的还是由外部信号源输入的。

图 5-11　DDS IP 核参数配置

6) 添加角度调制模块

利用 DDS IP 核进行 FM/PM 调制。系统时钟为 120 MHz,相位宽度 20 位,配置相位增量和相位偏置都为 Streaming(图 5-12)。

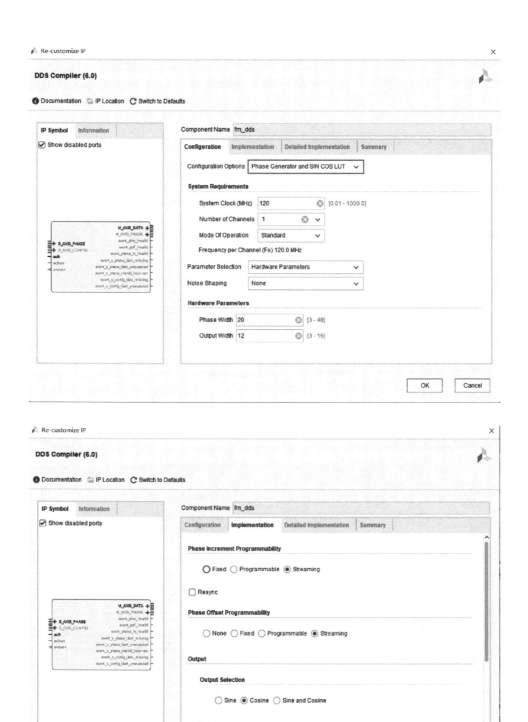

图 5-12   DDS 核角度调制配置

7）设计滤波器

利用 MATLAB 的 FDATOOL 工具产生低通滤波器和高通滤波器系数,参数配置如图 5-13 所示。点击菜单栏 Targets→XILINX Coefficient(.COE) File,定点化后生成 coe 文件。

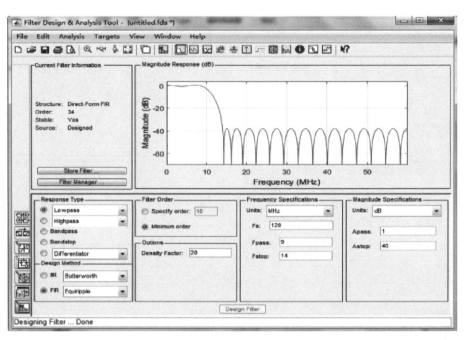

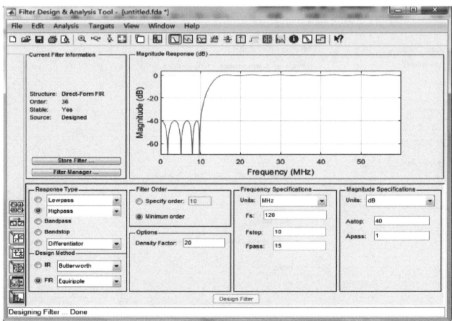

图 5-13　MATLAB 滤波器设计

8）添加 FIR IP 核

添加 FIR IP 核将步骤 7 中生成的 coe 文件导入 FIR IP 核中，配置系统采样率和时钟频率为 120 MHz。FIR 核配置如图 5-14 所示。

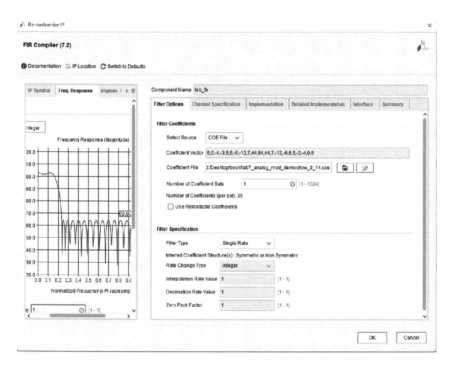

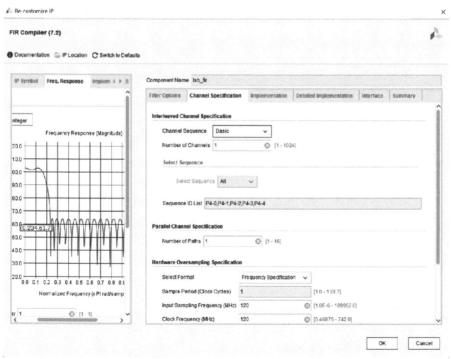

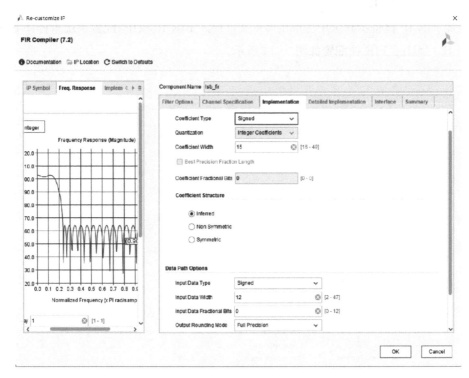

图 5-14　FIR 核配置

9）添加角度调制解调模块

利用 CORDIC IP 核可以得到角度调制的信息信号，IP 核配置参数如图 5-15 所示。

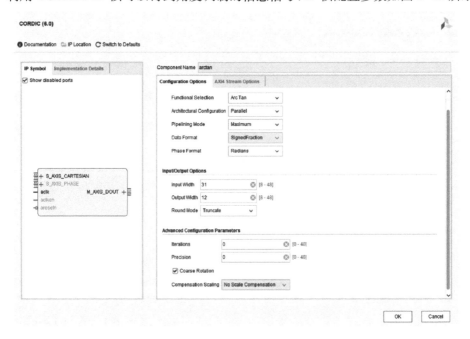

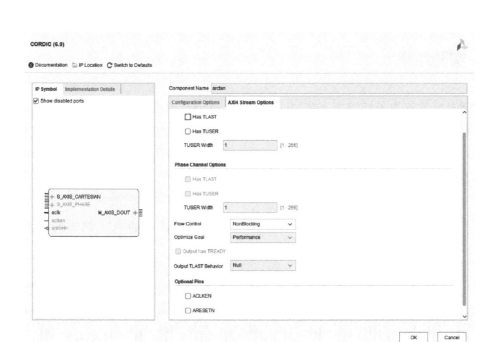

图 5-15　CORDIC 核配置

10）设置集成逻辑分析仪

在项目管理区 PROJECT MANAGER 处点击 IP Catalog 按钮添加 IP 核，在搜索框中输入 ILA 找到集成逻辑分析仪，并双击进入配置界面，根据观测数据配置探针数目 Number of Probes、数据宽度 Probe Width 及采样点数 Sample Data Depth。

11）添加管脚约束文件

在项目管理区 PROJECT MANAGER 处点击 Add Sources 按钮，选择 Add or create constraints 添加管脚约束文件，选择文件类型 File type 为 XDC，在 File name 框中输入文件名称，点击 Finish 添加空白约束文件，然后结合实验箱的管脚编写约束代码写入约束文件即可。

12）烧录文件

在编程和调试区 PROGRAM AND DEBUG 处点击 Generate Bitstream，将工程文件进行编译、综合并生成 bit 文件；将实验箱接通电源并完成连接，选择 Open Target→Auto Connect 选项自动扫描连接，然后选择 Program Device 选项，单击"xc7z020_1"，选择需要下载的 bit 文件，即可将 bit 文件烧录到硬件平台上。

13）观察实验现象

将信号发生器、实验箱、示波器和频谱仪进行连接，改变拨码开关位置，观察不同调制方式下输出信号的波形和频谱。

5.6 实验结果

设置系统参数为采样频率 120 MHz,载波 12 MHz,内部信息信号为 2 MHz 和 400 kHz。通过拨码开关选择调制方式,对信息信号分别进行 AM、DSB、USB/LSB、FM/PM 调制,并进行相应的解调。最后通过 ILA 观察调制/解调后的波形,通过示波器和频谱仪观察调制解调波形和频谱。

1) 拨码开关为 0000 时的实验结果

ILA 抓取的 AM 调制解调信号如图 5-16,示波器显示的 AM 调制解调波形如图 5-17,调制信号频谱如图 5-18。

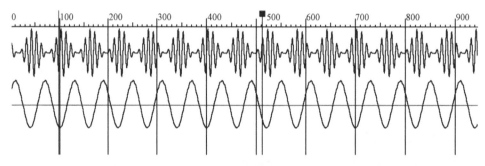

图 5-16 ILA 抓取 AM 调制解调信号($K=1$)

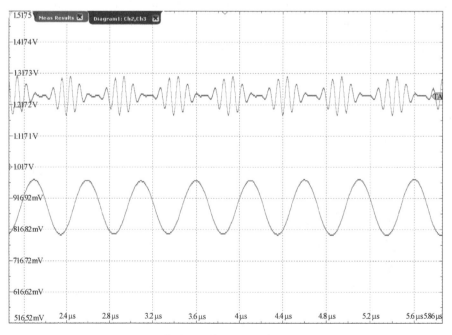

图 5-17 示波器显示的 AM 调制解调信号($K=1$)

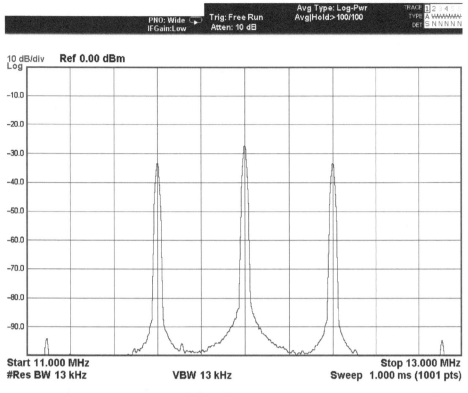

图 5-18　AM 调制信号频谱($K＝1$)

2）拨码开关为 0001 时的实验结果

ILA 抓取的 AM 调制解调信号如图 5-19，示波器显示的 AM 调制解调波形如图 5-20，调制信号频谱如图 5-21。

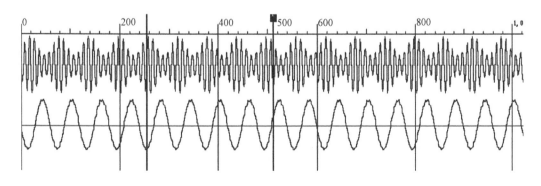

图 5-19　ILA 抓取 AM 调制解调信号($K＝0.5$)

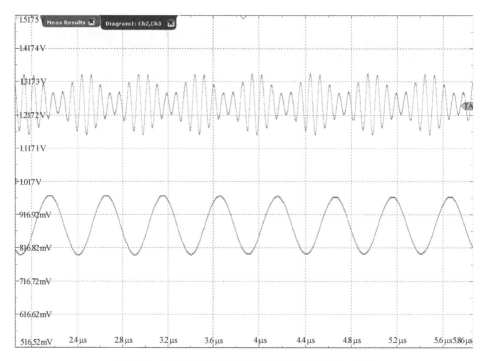

图 5-20　示波器显示的 AM 调制解调信号($K=0.5$)

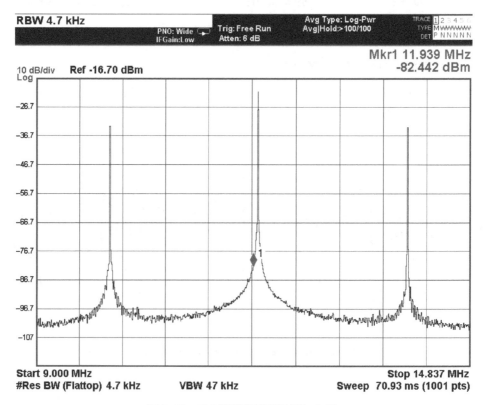

图 5-21　AM 调制信号频谱($K=0.5$)

3）拨码开关为 010x 时的实验结果（x 表示 0 或 1）

ILA 抓取的 DSB 调制解调信号如图 5-22，示波器显示的 DSB 调制解调波形如图 5-23，调制信号频谱如图 5-24。

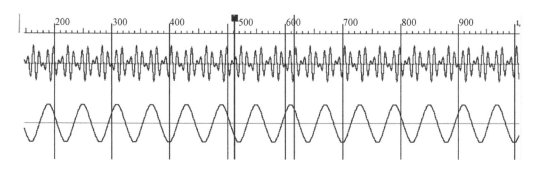

图 5-22　ILA 抓取 DSB 调制解调信号

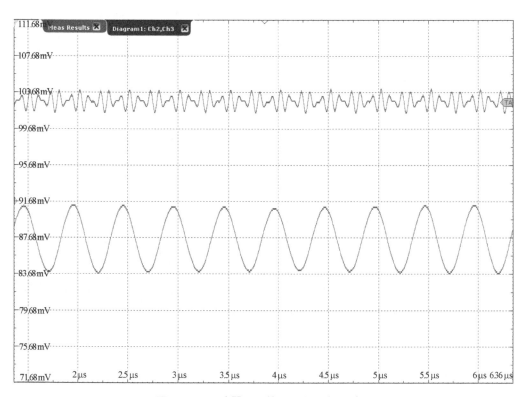

图 5-23　示波器显示的 DSB 调制解调波形

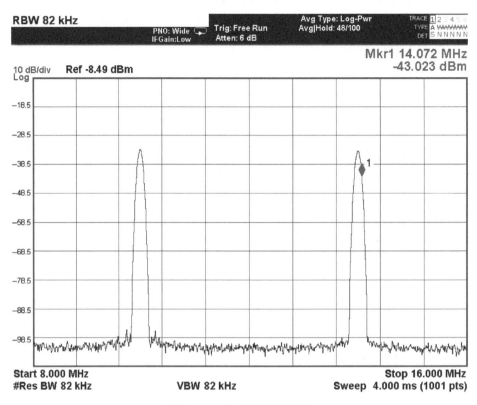

图 5-24 DSB 调制信号频谱

4）拨码开关为 0010 时的实验结果

ILA 抓取的 LSB 调制解调信号如图 5-25 所示，示波器显示的 LSB 调制解调波形如图 5-26 所示，调制信号频谱如图 5-27 所示。

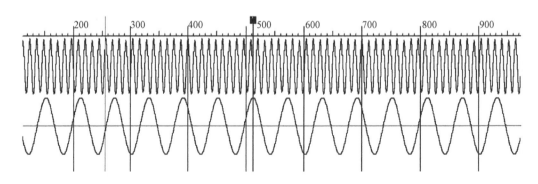

图 5-25 ILA 抓取 LSB 调制解调信号

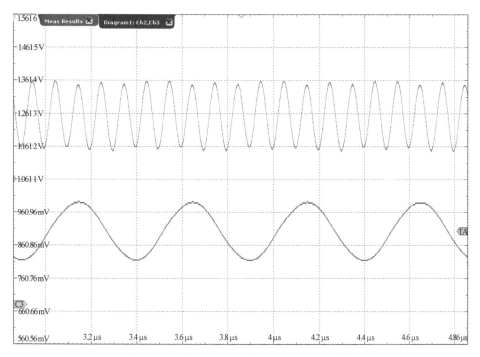

图 5-26　示波器显示的 LSB 调制解调信号

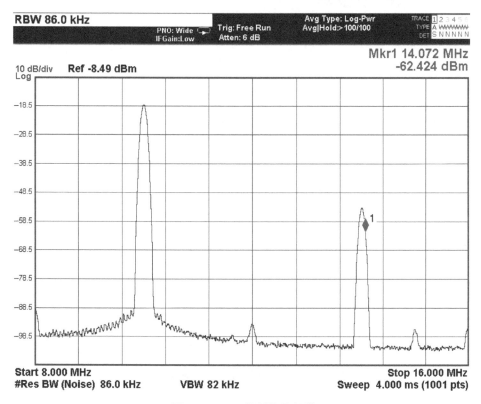

图 5-27　LSB 调制信号频谱

5）拨码开关为 0011 时的实验结果

ILA 抓取的 USB 调制解调信号如图 5-28 所示,示波器显示的 USB 调制解调波形如图 5-29 所示,调制信号频谱如图 5-30 所示。

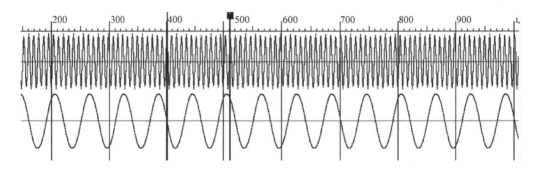

图 5-28　ILA 抓取的 USB 调制解调信号

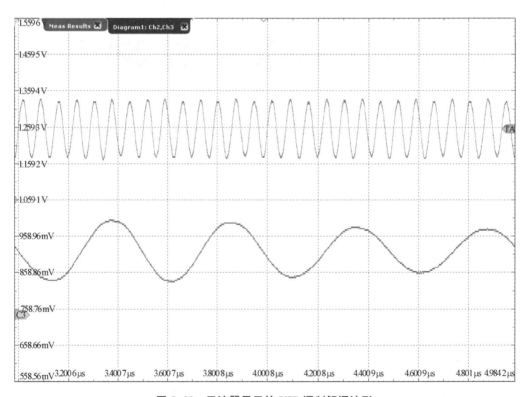

图 5-29　示波器显示的 USB 调制解调波形

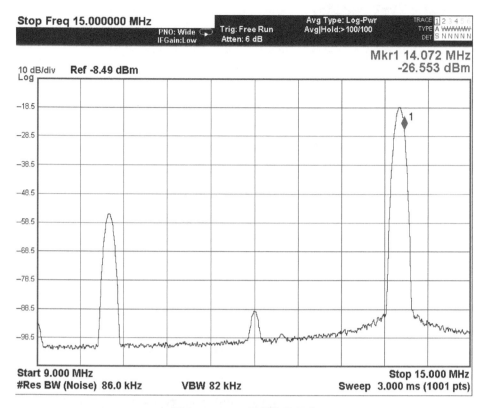

图 5-30 USB 调制信号频谱

6）拨码开关为 0110 时的实验结果

ILA 抓取的 FM 调制解调信号如图 5-31，示波器显示的 FM 调制解调波形如图 5-32，调制信号频谱如图 5-33。

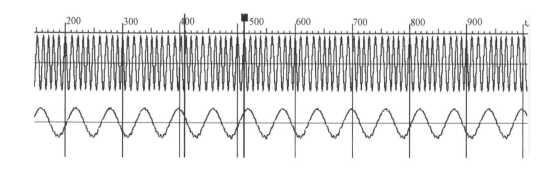

图 5-31 ILA 抓取的 FM 调制解调信号（$m_f=1$）

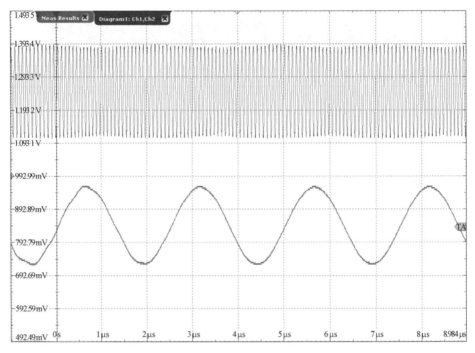

图 5-32　示波器显示的 FM 调制解调波形($m_f=1$)

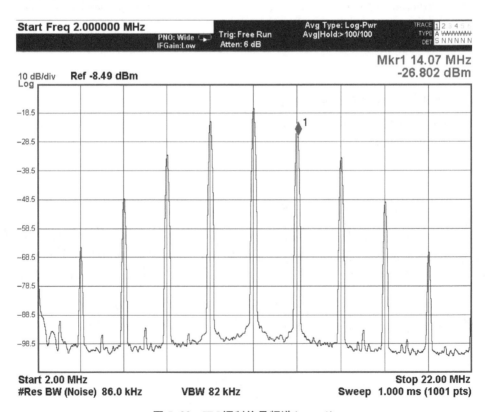

图 5-33　FM 调制信号频谱($m_f=1$)

7）拨码开关为 0111 时的实验结果

ILA 抓取的 FM 调制解调信号如图 5-34 所示,示波器显示的 FM 调制解调波形如图 5-35 所示,调制信号频谱如图 5-36 所示。

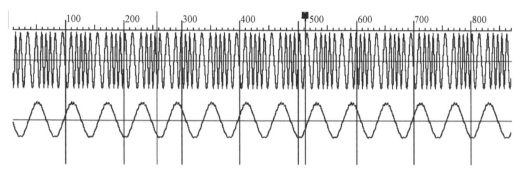

图 5-34 ILA 抓取的 FM 调制解调信号（$m_f=2.4$）

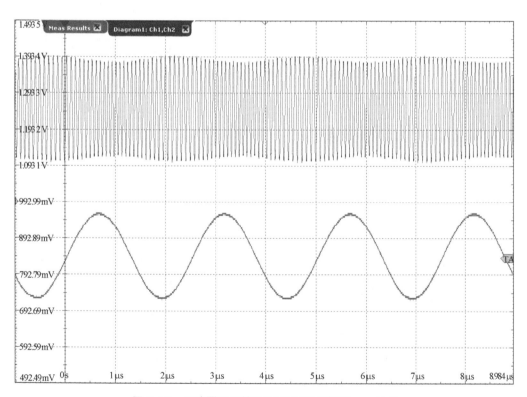

图 5-35 示波器显示的 FM 调制解调波形（$m_f=2.4$）

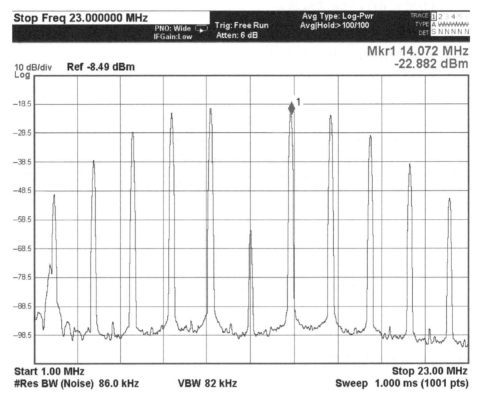

图 5-36　FM 调制信号频谱（$m_{\mathrm{f}}=2.4$）

8）拨码开关为 1000 时的实验结果

ILA 抓取的 PM 调制解调信号如图 5-37 所示，示波器显示的 PM 调制解调波形如图 5-38 所示，调制信号频谱如图 5-39 所示。

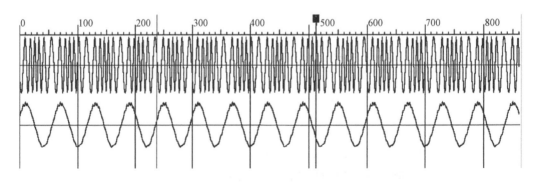

图 5-37　ILA 抓取的 PM 调制解调信号（$m_{\mathrm{p}}=1$）

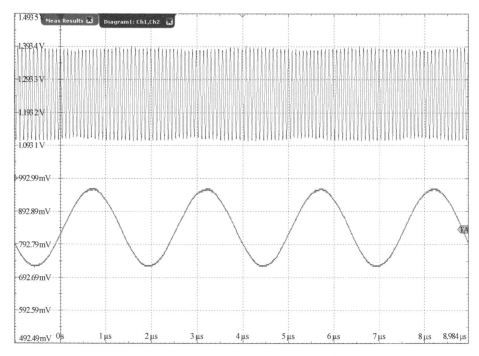

图 5-38 示波器显示的 PM 调制解调波形（$m_p=1$）

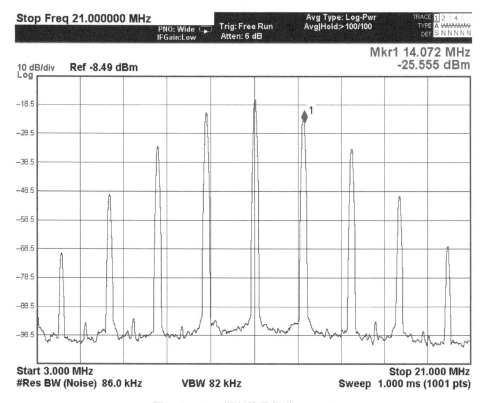

图 5-39 PM 调制信号频谱（$m_p=1$）

9）拨码开关为 1001 时的实验结果

ILA 抓取的 PM 调制解调信号如图 5-40 所示，示波器显示的 PM 调制解调波形如图 5-41 所示，调制信号频谱如图 5-42 所示。

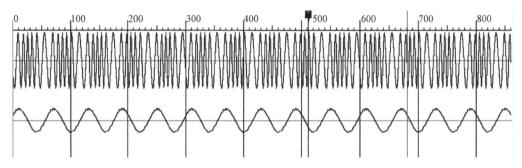

图 5-40　ILA 抓取的 PM 调制解调信号（$m_p = 2.4$）

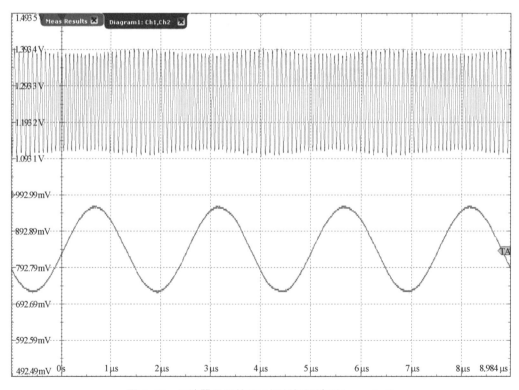

图 5-41　示波器显示的 PM 调制解调波形（$m_p = 2.4$）

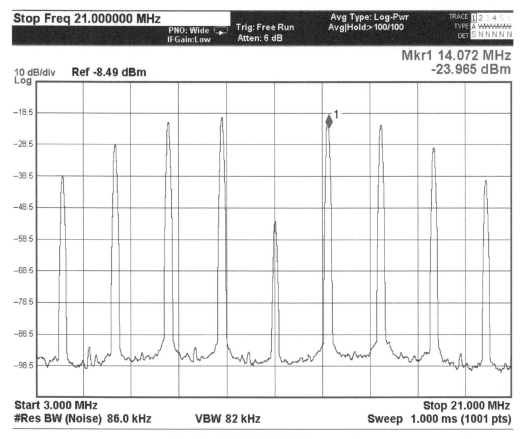

图 5-42　PM 调制信号频谱（$m_p = 2.4$）

【思考题】 能否使用非相干解调的方法对幅度调制进行解调？如果可以，编写相关代码，给出结果；如果不行，给出原因及分析。

6

数字通信系统设计实现

6.1　实验目的

(1) 熟悉 VHDL 或 Verilog HDL 硬件编程语言；

(2) 熟悉 XILINX 公司的 Vivado FPGA 开发环境；

(3) 掌握 m 序列的硬件产生方法；

(4) 掌握 QPSK 调制/解调的原理及硬件实现方法；

(5) 掌握 Modelsim、MATLAB 等辅助工具与 Vivado 的联合使用。

6.2　设备需求

硬件设备	软件需求
1. 无线信道实验箱 1 台； 2. 信号发生器 1 台； 3. 示波器 1 台； 4. 频谱仪 1 台	1. Vivado 集成开发环境； 2. Modelsim 软件； 3. MATLAB 软件

6.3　任务描述

6.3.1　实验内容

(1) QPSK 调制/解调的 FPGA 代码设计；

(2) 编写 Verilog 代码实现 m 序列的产生、内插及成型滤波；

(3) 编写 Verilog 代码实现接收信息的帧同步；

(4) 实现 QPSK 调制、解调系统的硬件测试。

6.3.2　实现方案

高斯噪声实验的实现方案如图 6-1 所示。

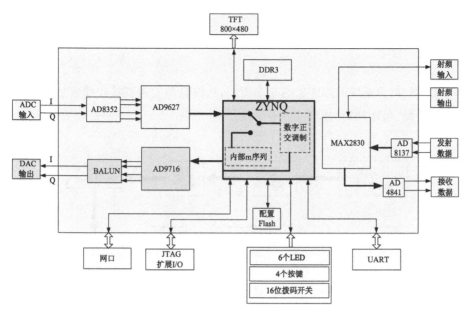

图 6-1 无线衰落信道综合实验的实现方案

系统程序分为两个模块实现：

1）发送模块

在发送模块中产生巴克码序列及 m 序列，然后对其进行星座映射生成 I/Q 两路信号，分别对两路信号进行四倍内插，之后对两路信号进行成型滤波，成型滤波器使用 MATLAB 生成根升余弦滤波器系数，生成 coe 文件，由 IP 核 FIR Compiler 生成。

2）接收模块

在接收模块中，首先对两路信号进行匹配滤波，匹配滤波器由 Vivado 的 IP 核 FIR Compiler 调用与发送端相同的根升余弦滤波器系数（coe 文件）生成，然后进行采样判决，生成两路符号序列，再进行星座解映射，最终得到一路符号序列，通过检测巴克码同步序列提取接收到的 m 序列。信号处理流程图如图 6-2 所示。

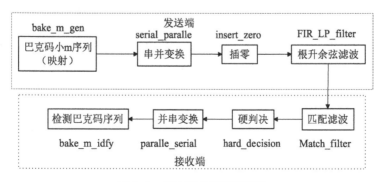

图 6-2 程序信号处理流程图

6.4 预备知识

QPSK 调制解调系统的原理如图 6-3 所示,从信息源发送到接收端恢复信息,总共经历了插入同步帧、星座映射、成型滤波等阶段。

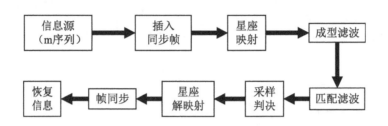

图 6-3 QPSK 调制解调系统的原理框图

6.4.1 m 随机序列

该实验过程中传输的信息序列为 m 序列。m 序列是最长线性反馈移存器序列的简称。它是由带线性反馈的移存器产生的周期最长的序列。一个 n 级线性反馈移存器可能产生的最长周期等于 (2^n-1)。线性反馈移存器原理框图如图 6-4 所示。

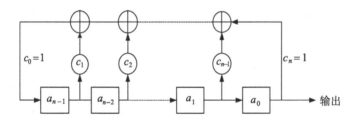

图 6-4 线性反馈移存器原理框图

图 6-4 中 a_i 表示各种移存器的状态,$a_i=0$ 或 1,i 为整数;c_i 表示反馈线的连接状态,$c_i=0$ 表示此线断开,$c_i=1$ 表示此线接通。按照图中的线路连接关系,可以写出递推方程

$$a_n=c_1a_{n-1}+c_2a_{n-2}+\cdots+c_{n-1}a_1+c_na_0=\sum_{i=1}^{n}c_ia_{n-i} \tag{6-1}$$

用特征方程表示为

$$f(x)=c_0+c_1x+c_2x^2+\cdots+c_nx^n=\sum_{i=0}^{n}c_ix^i \tag{6-2}$$

其中，x^i 仅指明其系数（0 或 1）代表 c_i 的值，x 本身的取值并无实际意义。

在本实验中选择一个 10 级线性反馈移存器，产生序列的最长周期为 1023，令移存器的初始状态为 temp[9:0]＝10'b0000000001；m 序列产生方式为 m_seq＝temp[0]，移存器连接状态为 temp[9]＝temp[7]^temp[0]。

6.4.2 同步帧的插入和提取

数字通信时，一般总是由若干个码元组成一个字，若干个字组成一个句，即组成一个个的"群"进行传输。群同步的任务就是在位同步的基础上识别出这些数字信息群的起始位置，使接收设备的群定时与接收到的信号中的群定时处于同步状态。实现群同步的常用方法是插入特殊同步码组法。满足此要求的特殊同步码组有：全 0 码、全 1 码、1 与 0 交替码、巴克码、电话基群帧同步码 0011011。目前常用的群同步码为巴克码。

巴克码是一种有限长的非周期序列。设一个 n 位的巴克码组为 $\{x_1, x_2, \cdots, x_n\}$，则其自相关函数表示为

$$R(j) = \sum_{i=1}^{n-j} x_i x_{i+j} = \begin{cases} n, & j=0 \\ 0 \pm 1, & 0 < |j| < n \\ 0, & |j| \geqslant n \end{cases} \tag{6-3}$$

式(6-3)表明，巴克码的 $R(0)＝n$，而其他处的自相关函数 $R(j)$ 的绝对值均不大于 1。以 $n=5$ 的巴克码为例，在 $j=0 \sim 4$ 的范围内，求其自相关函数值：$R(0)=5$，$R(1)=R(3)=0$，$R(2)=R(4)=1$。由此可见，其自相关函数绝对值除 $R(0)$ 外均不大于 1。由于自相关函数是偶函数，所以其自相关函数值曲线如图 6-5 所示。

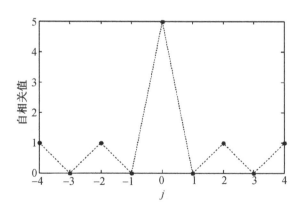

图 6-5 巴克码自相关曲线

目前尚未找到巴克码的一般构造方法，其码组最大长度为 13，表 6-1 给出 8 组常见的

巴克码序列。

表 6-1 巴克码

n	巴克码
1	＋
2	＋＋,＋－
3	＋＋－
4	＋＋＋－,＋＋－＋
5	＋＋＋－＋
7	＋＋＋－－＋－
11	＋＋＋－－－＋－－＋－
13	＋＋＋＋＋－－＋＋－＋－＋

注:"＋"表示"＋1","－"表示"－1"。

在本实验中选用的是 13 位巴克码序列"＋＋＋＋＋－－＋＋－＋－＋"。插入巴克码同步序列后的信息序列如图 6-6 所示。

巴克码	信息码组	巴克码	信息码组

图 6-6 插入巴克码同步序列的信息码组

在接收端需要识别巴克码同步序列来判断信息码组的起始位置。巴克码的识别以 7 位巴克码为例,用 7 级移位寄存器、相加器和判决器就可以组成一个巴克码识别器,如图 6-7 所示。只有当 7 位巴克码在某一时刻正好全部进入 7 位寄存器时,7 个移位寄存器输出端全部输出＋1,相加后的最大值输出为＋7,其余情况相加结果均小于＋7。对于数字信息序列,几乎不可能出现与巴克码组相同的信息。故识别器的相加输出也只能小于＋7,如图 6-8 所示。

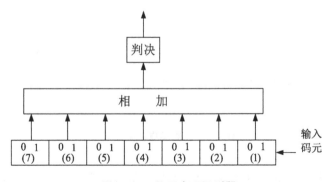

图 6-7 7 位巴克码识别器

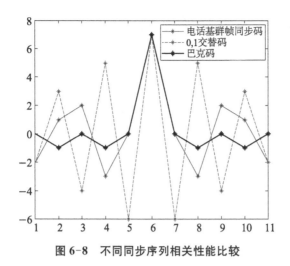

图 6-8 不同同步序列相关性能比较

6.4.3 星座映射和解映射

星座映射是将比特信息映射为符号,在特制的系统中信号可以分解为一组相对独立的分量:同相 I 量和正交 Q 量。这两个分量是正交的,且互不相干。极坐标图是观察幅度和相位的最好方法,载波是频率和相位的基准,信号表示为对载波的关系。信号可以以幅度和相位表示为极坐标的形式。相位是对基准信号而言的,基准信号一般是载波,幅度为绝对值或相对值。在数字通信中,通常以 I 和 Q 表示,极坐标中 I 轴在相位基准上,而 Q 轴则旋转 $90°$。矢量信号在 I 轴上的投影为 I 分量,在 Q 轴上的投影为 Q 分量。图 6-9(a)显示了 I 和 Q 的关系,6-9(b)显示了极坐标与直角坐标的关系。

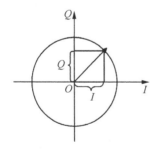
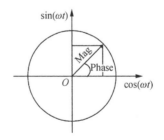

(a) 星座映射 I、Q 支路的关系   (b) 极坐标与直角坐标的转换关系

图 6-9 星座映射支路关系

从图 6-9(b)可以看出转换关系如下

$$\text{Mag} \quad M=\sqrt{I^2+Q^2}$$

$$\text{Phase} \quad \varphi=\arctan\left(\frac{Q}{I}\right)$$

(6-4)

这样任意一个 I 幅度和任意一个 Q 幅度组合都会在极坐标图上映射一个相应的星座点,各种可能出现过的数据状态组合最后映射到星座图上。常用的星座映射方法主要有 PSK、QAM 等。

对于 2PSK,φ_k 可取 $0°$、$180°$ 或者 $90°$、$270°$,对于 4PSK,φ_k 一般取 $45°$、$135°$、$225°$、$315°$。8PSK、16PSK 等选取方法类似,对应的星座图如图 6-10 所示。

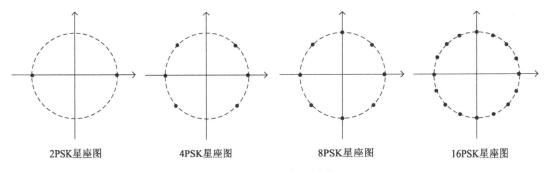

2PSK星座图　　　4PSK星座图　　　8PSK星座图　　　16PSK星座图

图 6-10　PSK 星座映射

QAM 一般有 4QAM(二进制 QAM),16QAM(四进制 QAM),64QAM(八进制 QAM),对应的星座映射图如图 6-11 所示。

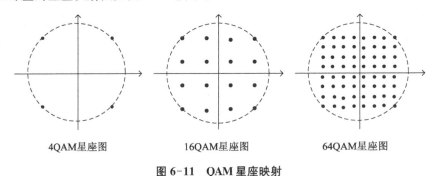

4QAM星座图　　　　16QAM星座图　　　　64QAM星座图

图 6-11　QAM 星座映射

6.4.4　成型滤波和匹配滤波

数字通信系统中,基带信号的频谱一般较宽,因此传递前需对信号进行成型处理,以改善其频谱特性,使得在消除码间干扰与达到最佳检测接收的前提下,提高信道的频带利用率。目前,数字系统中常使用的波形成型滤波器有平方根升余弦滤波器、高斯滤波器等。

Nyquist 准则表明任何滤波器只要其冲激响应满足

$$h_{\text{eff}}(t) = \frac{\sin(\pi t/Ts)}{\pi t}z(t) \tag{6-5}$$

就可以消除码间串扰。当调制信号在信道中传输时会引入失真,我们可以利用传递函数与信道相反的均衡器来完全消除失真,则整个传递函数 $h_{\text{eff}}(t)$ 可以近似为发射机与接收机滤波器函数的乘积。一个有效的端到端传递函数 $h_{\text{eff}}(t)$，通常在通过接收机和发射机端使用传递函数为 $\sqrt{h_{\text{eff}}(t)}$ 的滤波器来实现。比较常用的成型滤波器在频域上具有平方根升余弦滚降特性，与接收端的匹配滤波器级联后在频域上具有升余弦滚降特性。

平方根升余弦滤波器的传递函数为

$$P(f) = \sqrt{H(f)} = \begin{cases} 1, & 0 \leqslant |f| < \dfrac{1-\alpha}{2T} \\ \sqrt{\dfrac{1}{2}\left[1 + \cos\left(\dfrac{\pi(2T|f|-1+\alpha)}{2\alpha}\right)\right]}, & \dfrac{1-\alpha}{2T} \leqslant |f| < \dfrac{1+\alpha}{2T} \\ 0, & |f| \geqslant \dfrac{1+\alpha}{2T} \end{cases}$$

$$(6\text{-}6)$$

1）SoS 仿真方法

不论何种仿真方法，都要求产生的各径信道的衰落统计特性尽可能与理论值一致，同时实现简单。滤波法需要产生独立的复高斯随机过程，并进行功率谱密度整形滤波，当功率谱密度为非规则形状时，滤波器设计非常困难；Markov 模型将信道分为有限个状态，利用信道的记忆性对下一时刻的状态进行预测，当信道为快衰落时需要大量的状态和转移概率，使得该模型过于复杂；Clarke 等提出的谐波叠加（Sum of Sinusoids，SoS）方法由于实现简单，近年来得到了广泛应用。

由中心极限定理可得，存在一组独立同分布的随机变量，当变量数目足够大时，该组随机变量之和的分布趋向于正态分布。基于中心极限定理的 SoS 方法产生的高斯随机变量可表示为

$$\mu(t) = \sum_{n=1}^{N} \mu_n(t) \tag{6-7}$$

其中，N 表示不可分辨散射支路数目，$\mu_n(t)$ 为第 n 条散射支路谐波，可表示为

$$\mu_n(t) = c_n \cos(2\pi f_n t + \varphi_n) \tag{6-8}$$

其中，c_n、f_n 和 φ_n 分别表示第 n 条散射支路的幅度、多普勒频率和初始相位，相位 φ_n 为服从 $U \sim [-\pi, \pi)$ 的随机变量。当模型参数确定后，c_n、f_n 和 φ_n 均为非零常数，t 可看成服从均匀分布的随机变量。随机变量 $\mu_n(t)$ 包络的概率密度函数可表示为

$$p_{\mu_n}(x) = \begin{cases} \dfrac{1}{\pi |c_n| \sqrt{1-(x/c_n)^2}}, & |x| < c_n \\ 0, & |x| \geqslant c_n \end{cases} \tag{6-9}$$

均值和方差分别为 0 和 $c_n^2/2$。由此，可得对应特征函数为

$$\Psi_{\mu_n}(v) = \int_{-\infty}^{\infty} p_{\mu_n} e^{j2\pi ux} dx = J_0(2\pi c_n v) \tag{6-10}$$

各支路叠加后的随机变量 $\mu(t)$ 特征函数可表示为

$$\Psi_{\mu}(v) = \Psi_{\mu_1}(v) \cdot \Psi_{\mu_2}(v) \cdot \cdots \cdot \Psi_{\mu_N}(v) = \prod_{n=1}^{N} J_0(2\pi c_n v) \tag{6-11}$$

因此，可获得 $\mu(t)$ 的概率密度函数为

$$p_{\mu}(x) = \int_{-\infty}^{\infty} \Psi_{\mu}(v) e^{-j2\pi ux} dv = 2\int_{0}^{\infty} \left[\prod_{n=1}^{N} J_0(2\pi c_n v) \right] \cos(2\pi vx) dv \tag{6-12}$$

令 $c_n = \sqrt{2/N}$ 和 $f_n \neq 0$，则当散射支路数目 $N \to \infty$ 时，有

$$\lim_{N\to\infty} \left[J_0(2\pi c_n v) \right]^N = \lim_{N\to\infty} \left[J_0\left(2\pi\sqrt{\frac{2}{N}}v\right) \right]^N e^{-2(\pi v)^2} \tag{6-13}$$

将结果化简后，可得

$$\lim_{N\to\infty} p_{\mu}(x) = \frac{1}{\sqrt{2\pi}} e^{-\frac{x^2}{2}} \tag{6-14}$$

因此，当 $N \to \infty$ 时，上式输出瞬时幅值服从均值为 0，方差为 1 的高斯分布。仿真模型框图如图 6-12 所示。

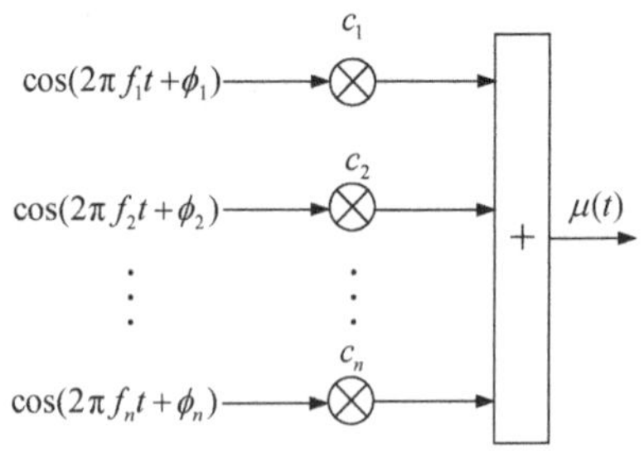

由公式(6-7)得到的为实值高斯随机变量，无法准确表征信道衰落的相位特性，因此，复数值高斯随机变量被用于模拟信道衰落，可以表示为

$$u(t) = \mu_1(t) + j\mu_2(t) \tag{6-15}$$

图 6-12　SoS 仿真方法实现框图

式中 $\mu_1(t)$ 和 $\mu_2(t)$ 分别为复高斯随机变量的同相分量和正交分量，且二者为相互独立的实值高斯随机变量。由于 SoS 仿真方法是在各向同性散射条件下设计的，这意味着多普勒功率谱密度具有对称的形状。然而，在真实信道中，多普勒功率谱密度通常是不对称的。因此，一种可以产生任意形状多普勒功率谱密度的复谐波叠加（Sum of Complex sinusoids，SoC）方法被提出。SoC 方法是 SoS 方法的特例，令 $N = N_1 = N_2$，对于所有的 $n = 1, 2, 3, \cdots, N$，有 $c_n = c_{1,n} = c_{2,n}$、$f_n = f_{1,n} = f_{2,n}$ 及 $\varphi_n = \varphi_{1,n} = \varphi_{2,n} + \pi/2$，则复高斯随机变量可以表示为

$$u(t) = \mu_1(t) + j\mu_2(t) = \sum_{n=1}^{N} c_n e^{j(2\pi f_n t + \varphi_n)} \tag{6-16}$$

复高斯随机变量的包络概率密度分布可以表示为

$$p_u(x) = x(2\pi)^2 \int_0^\infty \left[\prod_{n=1}^N J_0(2\pi \mid c_n \mid v) \right] J_0(2\pi x v)v\,\mathrm{d}v \tag{6-17}$$

当 $N \to \infty$ 时,根据中心极限定理,公式(6-17)逼近瑞利分布。对于一个确定的仿真模型,在具有固定增益、固定频率和随机相位的条件下,SoC 模型输出信道衰落的自相关函数和功率谱密度分别为

$$r_{uu}(\tau) = \sum_{n=1}^N c_n^2 \exp\{\mathrm{j}2\pi f_n \tau\} \tag{6-18}$$

$$S_{uu}(f) = \sum_{n=1}^N c_n^2 \delta(f - f_n) \tag{6-19}$$

从公式(6-19)看出,$S_{uu}(f)$ 一般而言具有非对称的形状,如果 N 为偶数,且有 $f_n = -f_{N-n}$,$c_n = \pm c_{N-n}$,$\forall n = 1, 2, \cdots, N/2$ 的条件,SoC 模型的功率谱密度也是对称的。由此说明 SoC 模型可适用于对称和非对称的多普勒功率谱的情况。图 6-13 给出了 SoC 仿真方法的实现框图。

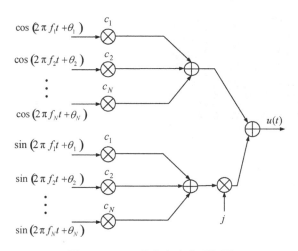

图 6-13　SoC 仿真方法实现框图

根据随机变量性质可知,可以通过高斯随机变量进行非线性变换模拟产生对数正态、瑞利及莱斯随机变量。其中,瑞利随机变量可表示为

$$\beta^{\mathrm{Ray}}(t) = u(t) = \mu_1(t) + \mathrm{j}\mu_2(t) \tag{6-20}$$

莱斯随机变量可表示为

$$\beta^{\mathrm{Rice}}(t) = \alpha(t) + \beta^{\mathrm{Ray}}(t) \tag{6-21}$$

其中,$\alpha(t)$ 为视距分量,可以表示为 $\alpha(t) = c_0(\cos(2\pi f_0 t + \varphi_0) + \mathrm{j}\sin(2\pi f_0 t + \varphi_0))$,$c_0$、

f_0 和 φ_0 分别为视距分量的幅度、多普勒频率和初始相位。对数正态随机变量可表示为

$$\beta^{\text{Log}}(t) = e^{\sigma_\beta u_0(t) + m_\beta} \tag{6-22}$$

其中，σ_β 和 m_β 分别为对数正态分布的方差和均值。衰落仿真波形及统计分布如图 6-14 所示。

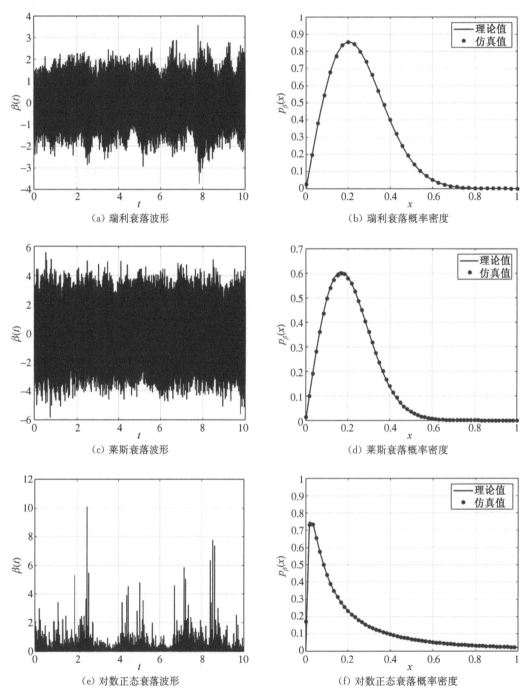

图 6-14　不同衰落波形及分布

2）SoFM 仿真方法

平稳信道衰落的情况下，SoS/SoC 是一种高效的仿真方法，可以准确地复现平稳信道特性，利于实验室场景下对实际场景的模拟。但是在非平稳信道衰落的情况下，传统的 SoS/SoC 仿真方法将不再适用，如果直接采用 $f_n(t)$ 代替 f_n 进行仿真，则模型产生的信道衰落的相位为非连续，并且产生的多普勒频率与理论值也将不一致。针对非平稳仿真场景，提出了有限个线性调频信号叠加（Sum of Frequency Modulation，SoFM）的方法来模拟非平稳信道衰落，非平稳信道衰落情况下 SoFM 仿真方法可以表示为

$$u(t) = \sum_{n=1}^{N} c_n \mathrm{e}^{\mathrm{j}\left(2\pi\int_0^t f_n(t')\mathrm{d}t' + \phi_n\right)} \tag{6-23}$$

与式（6-16）相比，SoFM 仿真方法使用 $\int_0^t f_n(t')\mathrm{d}t'$ 代替了 $f_n t$，根据频率是相位随机时间变化的导数，可以证明该模型输出的信道衰落的多普勒频率与理论值一致，图 6-15 给出了非平稳信道模型 SoC 和 SoFM 两种仿真方法信道衰落幅值和相位的对比图，由图中可以看出，SoC 仿真方法导致信道衰落的相位不连续，而 SoFM 仿真方法引入积分运算消除了相位突变的情况。另外，二者输出相位的不一致导致了信道衰落的幅值也不一致。

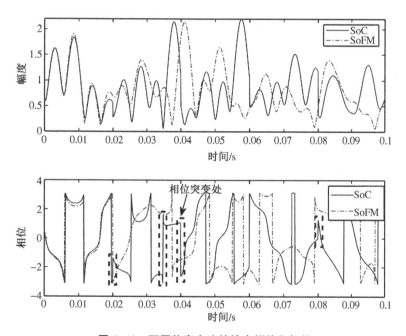

图 6-15　不同仿真方法的输出幅值和相位

因此 SoFM 仿真方法可以替代 SoC 仿真方法对非平稳传播场景进行模拟。在 SoFM 实现的过程中，SoFM 仿真方法是由 N 条线性调频信号累加实现的，图 6-16 给出了 SoFM 仿真方法的实现框图，其中每一条散射支路由线性调频信号来实现。

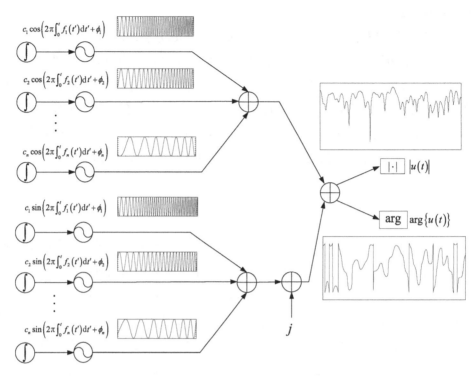

图 6-16　SoFM 仿真方法实现框图

6.4.5　采样判决

为了降低基带成型滤波器的设计难度,提高时域信号的分辨率,在滤波之前需要对基带信号进行上采样,也就是进行插值滤波,在接收端相应地将信号进行下采样,后经过解映射等操作得到接收序列。

6.5　操作步骤

1）新建工程

打开 Vivado,点击 File→Project→New,输入工程名称和工程路径,设置器件类型和仿真参数。

2）创建顶层文件

在 Source 工作区单击右键,选择 Add Sources 添加设计文件,文件类型选择 Verilog Moudule,在 File name 栏中输入文件名,建立顶层文件,编写顶层控制代码 TOP_QPSK。

3）新建时钟模块

编写时钟分频模块 DCM_module,系统时钟频率为 40 MHz,产生时钟频率分别为

10 MHz、5.0 MHz、2.5 MHz。

4）产生 m 序列

新建 Verilog 模块 bake_m_gen、serial_paralle、insert_zero，编写 Verilog 代码，基于 10 MHz 时钟产生加有巴克码帧同步序列的 m 序列；实现星座映射，0→+1,1→−1；再基于 10 MHz 时钟进行 4 倍内插。

5）生成滤波器系数 coe 文件

编写 MATLAB 代码生成根升余弦滤波器系数，并进行定点量化，生成 coe 文件。MATLAB 代码如下：

```
fs = 10;
M = 4;
delay = 2;
B = rcosine(fs/M,fs,'fir/sqrt',0.5,delay);
coeff = round(B/max(abs(B)) * 32767);
fid = fopen('e:/matlab_test/root_raVivado_cos/root_cosfircoe.txt','wt');
fprintf(fid,'%16.0f\n',coeff);
fclose(fid)
```

将以上 MATLAB 代码生成的 root_cosfircoe.txt 文件名改为 root_cosfircoe.coe，打开文件，将每一行之间的空格用文本替换为逗号，并在最后一行添加一个分号";"，然后在文件的最开始两行添加下面代码：

```
radix = 10;
coefdata =
```

将 root_cosfircoe.coe 加载到 Vivado 的 IP 核 FIR Compiler 中，设置滤波器系统时钟为 10 MHz，采样频率为 10 MHz，系数宽度为 16 位，输入数据宽度为 2 位，产生根升余弦滤波器，分别对 I、Q 两路信号进行成型滤波（图 6-17）。

6）实现根升余弦滤波器

将 root_cosfircoe.coe 加载到 Vivado 的 IP 核 FIR Compiler 中，设置滤波器系统时钟为 10 MHz，采样频率为 10 MHz，系数宽度为 16 位，输入数据宽度为 20 位，产生根升余弦滤波器，分别对接收到的 I、Q 两路信号进行匹配滤波。

7）恢复本地 m 序列

新建 Verilog 模块 hard_decision、paralle_serial、bake_m_idfy，编写 Verilog 代码对 I/Q 两路信号进行采样判决，采样频率为 2.5 MHz，输出两路符号序列，再进行星座解映射，将两路信号合为一路符号序列 bit_rev，在 bake_m_idfy.v 模块编写代码检测巴克码序列，确定接收信息序列的起始位置，产生本地 m 序列 m_seq。

图 6-17　FIR IP 核设计

8）添加 DA 模块

仿照步骤 2，添加信号输出模块，编写代码控制 DA 芯片输出内部源或者外部源信号。

9）设置集成逻辑分析仪

在项目管理区 PROJECT MANAGER 处点击 IP Catalog 按钮添加 IP 核，在搜索框中输入 ILA 找到集成逻辑分析仪（Integrated Logic Analyzer），并双击进入配置界面，根据观测数据配置探针数目 Number of Probes、数据宽度 Probe Width 及采样点数 Sample Data Depth。

10）添加管脚约束文件

在项目管理区 PROJECT MANAGER 处点击 Add Sources 按钮，选择 Add or create constraints 添加管脚约束文件，选择文件类型 File type 为 XDC，在 File name 框中输入文件名称，点击 Finish 按钮添加空白约束文件，然后结合实验箱的管脚编写约束代码写入约束文件即可。

11）烧录文件

在编程和调试区 PROGRAM AND DEBUG 处点击 Generate Bitstream，将工程文件进行编译、综合并生成 bit 文件；将实验箱接通电源并完成后连接，选择 Open Target→

Auto Connect 选项自动扫描连接单击"xc7z020_1",选择需要下载的 bit 文件,即可将 bit 文件烧录到硬件平台上。

6.6 实验结果

通过实验箱上的用户 I/O 接口以及 DAC 模块,可将整个通信过程中不同阶段的信号输出到示波器上进行观察。

1) m 序列波形

本实验通过 I/O 级线性反馈移存器产生的伪随机序列如图 6-18 所示,该伪随机序列 0、1 交替,数据速率为 5 MHz。

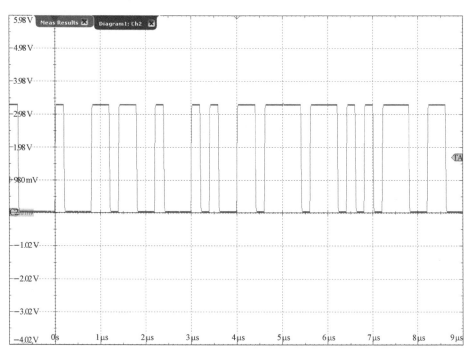

图 6-18 m 序列

2) 星座映射后波形及星座图

m 序列经过星座映射后的 I、Q 两路信号如图 6-19 所示,其数据速率为 2.5 MHz,图 6-20 为其星座图,通过星座图可以观察到该通信系统为 QPSK 系统。

3) 成型滤波与匹配滤波波形

经过成型滤波的信号以及匹配滤波的信号如图 6-21 与图 6-22 所示,信号由 0、1 序列变成了连续的波形,经过成型滤波后的信号可在信道中进行传输,在接收端收到后再进行匹配滤波。

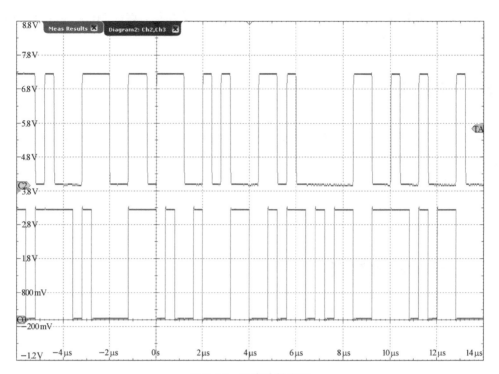

图 6-19 星座映射序列

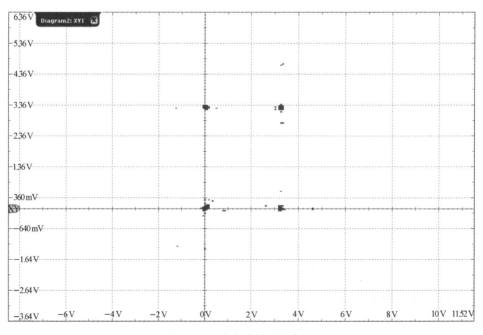

图 6-20 星座映射后星座图

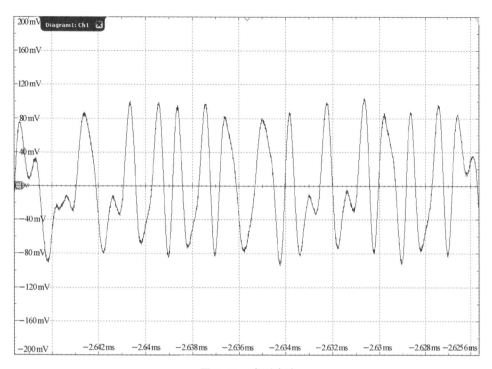

图 6-21　成型滤波

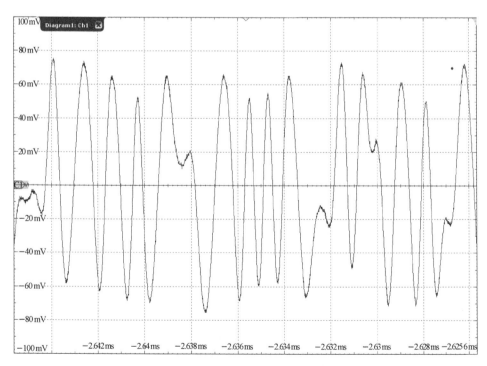

图 6-22　匹配滤波

4）解映射波形

解映射后得到的信号如图 6-23 所示,发送信号(上)与解映射后信号(下)的对比如图 6-24 所示,可以观察到接收信号与发送信号一致,但存在一定的延迟。

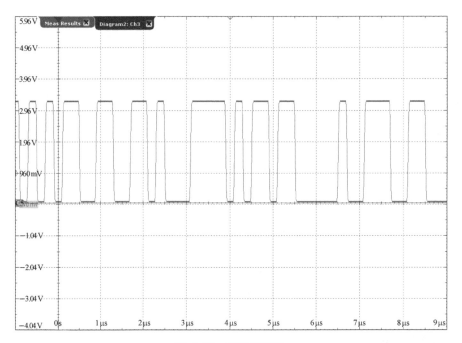

图 6-23　解映射序列

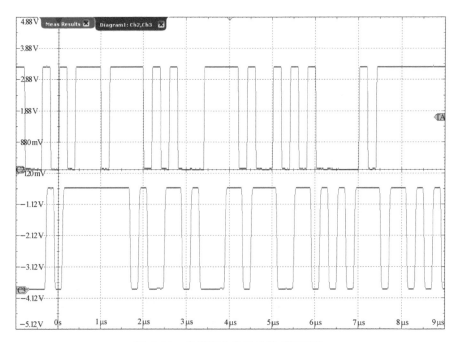

图 6-24　发送接收信号比较(有延迟)

【思考题】

1. 实现一个使用其他调制方式如 8PSK、QAM 的通信系统。

2. 编写一个误码统计模块,并在实验箱的数码管上显示误码数。

7

高斯噪声信道设计实现

7.1 实验目的

（1）熟悉高斯白噪声理论；

（2）熟悉 XILINX 公司的 Vivado FPGA 开发环境；

（3）熟悉 VHDL 或 Verilog HDL 编程方法；

（4）掌握 Modelsim、MATLAB、ILA 等辅助工具与 Vivado 的联合使用；

（5）掌握基于谐波叠加（SoS）的高斯随机过程模拟原理和实现方法；

（6）掌握 DA 的控制方法。

7.2 设备需求

硬件设备	软件需求
1. 无线信道实验箱 1 台； 2. 信号发生器 1 台； 3. 示波器 1 台； 4. 频谱仪 1 台	1. Vivado 集成开发环境； 2. Modelsim 软件； 3. MATLAB 软件

7.3 任务描述

7.3.1 实验内容

（1）系统参数：系统时钟 120 MHz，内部信号频率为 5 MHz，DA 采样频率 120 MHz；

（2）基于 SoS 模型实现乘性瑞利衰落信道和加性高斯白噪声信道；

（3）通过拨码开关切换选择信号源及信道类型；

（4）通过 ILA 观察衰落和噪声共同影响下输出信号波形，并通过示波器观察；

（5）利用 MATLAB 对 ILA 导出数据进行统计分析，观察噪声的概率分布。

7.3.2　实现方案

高斯噪声实验的实现方案如图 7-1 所示。首先内部逻辑电路产生内部信号源得到信道输入信号 $x(t)$，然后叠加上 SoS 模型产生高斯噪声 $u(t)$，最后通过 DAC 输出，得到信道输出信号 $y(t)$。

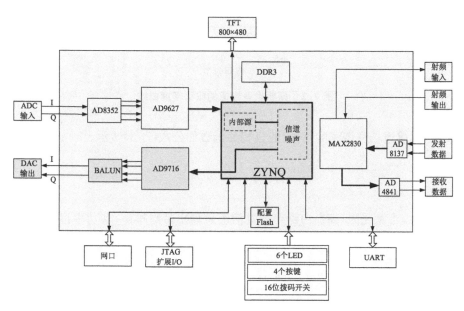

图 7-1　高斯噪声信道实验实现方案

7.4　预备知识

7.4.1　高斯噪声的统计特性

信道噪声通常为均值 0，双边功率谱密度为 $N_0/2$ 的高斯白噪声，概率密度函数为

$$f(r) = \frac{1}{\sqrt{2\pi}\sigma_n} \exp\left(-\frac{r^2}{2\sigma_n^2}\right) \tag{7-1}$$

其中，σ_n^2 为噪声方差，高斯噪声幅值的概率密度曲线如图 7-2 所示。

高斯白噪声的功率谱密度在所有频率上均为一常数，即

$$P_n(f) = \frac{N_0}{2} \quad (-\infty < f < +\infty) \tag{7-2}$$

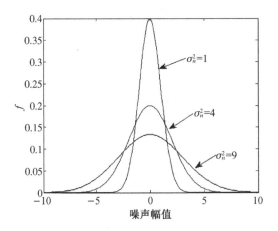

图 7-2　高斯噪声幅值的概率密度曲线

其中，N_0 表示单边功率谱密度，对应的自相关函数如公式(7-3)所示。

$$R(\tau) = \frac{N_0}{2}\delta(\tau) \tag{7-3}$$

当通信系统带宽受限，高斯白噪声通过信道后输出带限噪声，若功率谱密度在通带范围内仍具有白色特性，则称其为带限白噪声或窄带高斯噪声。窄带高斯噪声的表达式为

$$n(t) = n_c(t)\cos\omega_c t - n_s(t)\sin\omega_c t \tag{7-4}$$
$$= \rho(t)\cos[\omega_c t + \varphi(t)]$$

其中，$n_c(t)$ 是窄带高斯噪声的同相分量；$n_s(t)$ 为其正交分量；$\rho(t)$ 表示窄带高斯噪声的随机包络；$\varphi(t)$ 是其随机相位；$\omega_c = 2\pi f_c$ 为信道带宽的中心频率。窄带高斯噪声的波形及频谱密度分别如图 7-3 和 7-4 所示。

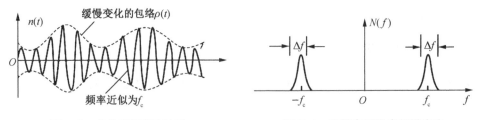

图 7-3　窄带高斯噪声波形　　　　　图 7-4　窄带高斯噪声频谱密度

7.4.2　高斯噪声的硬件模拟方法

谐波叠加方法指通过有限个具有特定幅度、频率和初始相位的正弦波叠加产生高斯随机过程，定点实现模型可表示为

$$\mu(t) = \sum_{n=1}^{N} \left[2^{W-1} \cdot \cos\left(2\pi f_d \cdot \cos \alpha_n \cdot t + \theta_n \right) \right] \tag{7-5}$$

其中，N 为谐波数量；W 表示每路余弦信号输出位数；θ_n 表示初始相位且满足 $[0, 2\pi)$ 内均匀分布；f_d 表示最大多普勒频移；α_n 为各支路入射角，可采用如下取值方法。

$$\alpha_n = \frac{2\pi n}{N} \tag{7-6}$$

SoS 模型的硬件实现框图如图 7-5 所示，各支路余弦信号采用查表法产生。

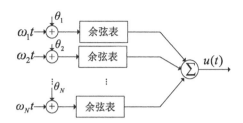

图 7-5　SoS 模型硬件实现原理

7.5　操作步骤

1）新建工程

打开 Vivado，点击 File→Project→New，输入工程名称和工程路径，设置器件类型和仿真参数。

2）创建顶层文件

在 Source 工作区单击右键，选择 Add Sources 添加设计文件，文件类型选择 Verilog Mooudule，在 File name 栏中输入文件名，建立顶层文件，编写顶层控制代码。

3）添加信号产生模块

调用 DDS IP 核产生 5 MHz 的单音信号，DDS 配置界面如图 7-6 所示，配置系统时钟

图 7-6　DDS IP 核配置

System Clock 为 120 MHz，Parameter Selection 参数选择为 Hardware Parameters，相位数据宽度 Phase Width 为 16，输出数据宽度 Output Width 为 8。

4）添加 SoS 噪声模块

（1）生成 coe 文件，编写 MATLAB 代码生成余弦表系数，并进行定点量化，生成余弦查找表 cos_coe. coe 文件。MATLAB 代码如下：

```
x=linspace(0,0.5*pi,1024);
y=cos(x);
y0=y*32767;
fid=fopen('e:/matlab_test/cos/cos_coe.txt','wt');
fprintf(fid,'%15.0f\n',y0);
fclose(fid);
```

（2）将上述 MATLAB 代码生成的 cos_coe. txt 文件名改为 cos_coe. coe，将正文中每一行之间的空格替换为逗号，并在最后一行添加分号。之后，在文件首行添加下面代码，最后获得的 coe 文件如图 7-7 所示。

```
memory_initialization_radix=10;
memory_initialization_vector=
```

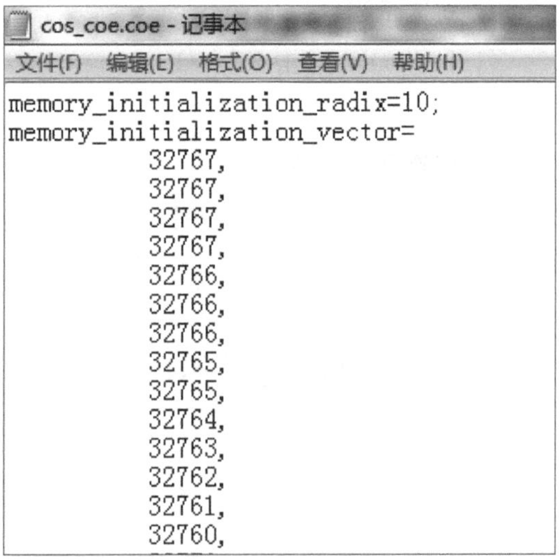
cos_coe.coe - 记事本
文件(F) 编辑(E) 格式(O) 查看(V) 帮助(H)
memory_initialization_radix=10;
memory_initialization_vector=
32767,
32767,
32767,
32767,
32766,
32766,
32766,
32765,
32765,
32764,
32763,
32762,
32761,
32760,

图 7-7 coe 文件生成

（3）将 cos_coe. coe 加载到 Vivado 的 IP 核 Block Memory Generator 中，设置数据宽度 Port A Width 为 15 位，深度 Port A Depth 为 1024 位（图 7-8）。通过输入的角频率及相位的参数查找余弦表，然后将余弦表输出的 16 路信号叠加，即可得到高斯随机过程。

5）添加噪声产生模块

调用 SoS 模型产生高斯噪声，此处设置 SoS 模型工作时钟为 120 MHz，输入 16 路 ω_n 分别为 14'hCCC，14'hBB3，14'h898，14'h404，14'h3EBF，14'h39B1，14'h35B8，14'h3382，14'h3372，14'h3588，14'h396A，14'h3E6D，14'h3B6，14'h85B，14'hB91，14'hCCB，此时对应的高斯噪声可近似为白噪声。

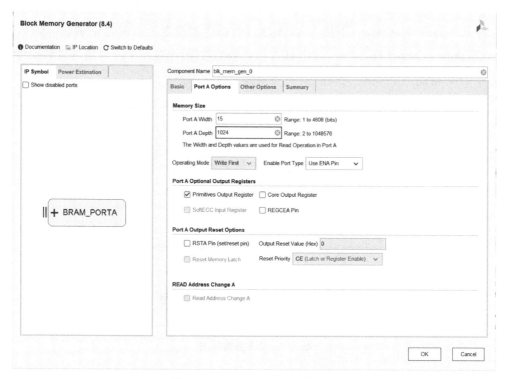

图 7-8　Block Memory IP 核配置

6）添加 DA 模块

仿照步骤 2，添加信号输出模块，编写代码控制 DA 芯片输出内部源或者噪声信号。

7）设置集成逻辑分析仪参数

在项目管理区 PROJECT MANAGER 处点击 IP Catalog 按钮添加 IP 核，在搜索框中输入 ILA 找到集成逻辑分析仪（Integrated Logic Analyzer），并双击进入配置界面，根据观测数据配置探针数目 Number of Probes、数据宽度 Probe Width 及采样点数 Sample Data Depth。

8）添加管脚约束文件

在项目管理区 PROJECT MANAGER 处点击 Add Sources 按钮，选择 Add or create constraints 添加管脚约束文件，选择文件类型 File type 为 XDC，在 File name 框中输入文件名称，点击 Finish 按钮添加空白约束文件，然后结合实验箱的管脚编写约束代码写入约束文件即可。

9）烧录文件

在编程和调试区 PROGRAM AND DEBUG 处点击 Generate Bitstream，将工程文件进行编译、综合并生成 bit 文件；将实验箱接通电源并完成连接，选择 Open Target→Auto Connect 选项自动扫描连接，然后选择 Program Device 选项，单击"xc7z020_1"，选择需要下载的 bit 文件，即可将 bit 文件烧录到硬件平台上。

10）分析统计特性

将 ILA 界面 Waveform 下的 DATA 端口数据进制设置为有符号十进制,然后点击 File→Export→Export ILA Data 导出 ILA 核抓取的数据,出现图 7-9 界面,选择导出数据格式为 CSV 格式。

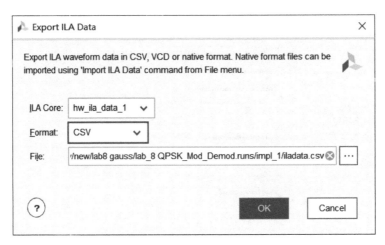

图 7-9　ILA 数据导出

点击 OK 按钮成功导出数据,得到噪声数据文件 iladata. csv。打开 MATLAB 软件,输入如下代码,运行该代码后可得到噪声幅值的统计分布特性。

```
clc;
srow=2;%0 代表第一行,2 代表第三行
scol=3;%第四列
erow=33;%最后一行
ecol=3;%最后一列
[filename,pathname]=uigetfile('E:\matlab_test\*.csv','iladata');
csv_file=[pathname filename];
noise_data=csvread(csv_file,srow,scol,[srow,scol,erow,ecol]);
a=noise_data(:,1);
Hc=a';
x=linspace(min(Hc),max(Hc),100);
[pdf_stat]=hist(Hc,x);
pdf_true= pdf_stat/(length(Hc)*(max(Hc)-min(Hc))/99);
figure
plot(x,pdf_true);
```

7.6 实验结果

7.6.1 信道输入信号频谱/波形

ILA 及示波器观测到的信道输入信号如图 7-10 所示,可以观察到输入信号是一个频率为 5 MHz 的等幅正弦波。

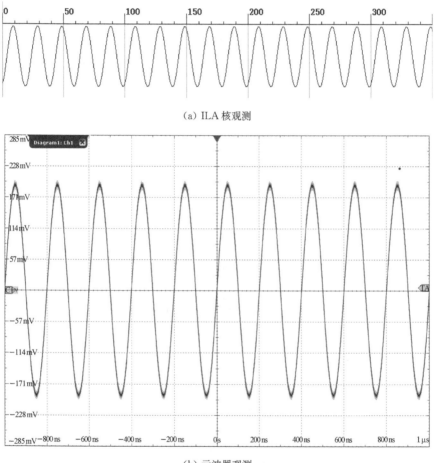

（a）ILA 核观测

（b）示波器观测

图 7-10 信道输入信号波形(5 MHz)

7.6.2 信道输出信号

ILA 及示波器观测到的信道输出信号如图 7-11 所示,可以观察到经过了高斯噪声信道后,输入信号上叠加了高斯噪声,信号幅度存在起伏,信号出现明显失真。

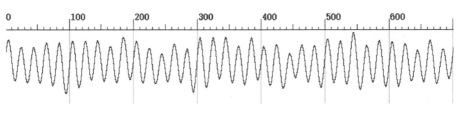

（a）ILA 核观测

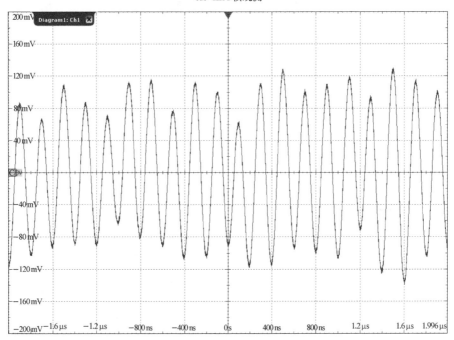

（b）示波器观测

图 7-11　高斯噪声信道输出信号波形

7.6.3　信号分析统计

通过 ILA 核抓取高斯噪声数据并导出，然后利用 MATLAB 分别统计高斯噪声值幅值分布，结果如图 7-12 所示，可以观察到本实验产生的高斯信道概率密度分布与理论值拟合较好。

【思考题】

1. 将本节的高斯噪声信道加载到 3.2 节的数字通信系统上，统计误码率。

2. 通过拨码开关控制高斯噪声的大小，观察不同信噪比下的误码率。

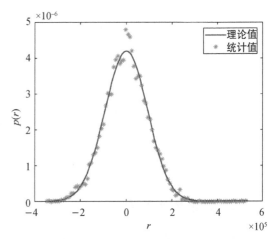

图 7-12　高斯噪声幅值分布

8

瑞利衰落信道设计实现

8.1 实验目的

(1) 熟悉无线信道、高斯白噪声和多径瑞利衰落等理论；

(2) 熟悉 XILINX 公司的 Vivado FPGA 开发环境；

(3) 熟悉 VHDL 或 Verilog HDL 编程方法；

(4) 掌握基于谐波叠加(SoS)的高斯随机过程模拟原理和实现方法；

(5) 掌握 AD、DA 的控制方法。

8.2 设备需求

硬件设备	软件需求
1. 无线信道实验箱 1 台； 2. 信号发生器 1 台； 3. 示波器 1 台； 4. 频谱仪 1 台	1. Vivado 集成开发环境； 2. Modelsim 软件； 3. MATLAB 软件

8.3 任务描述

8.3.1 实验内容

(1) 基于 SoS 模型实现乘性瑞利衰落信道和加性高斯白噪声信道；

(2) 通过拨码开关切换选择信号源及信道类型；

(3) 通过 ILA 观察衰落和噪声共同影响下输出信号波形,并通过示波器观察；

（4）利用 MATLAB 对导出数据进行统计分析,观察噪声概率分布和信道衰落的
分布。

8.3.2 基本实现方案

瑞利衰落信道的实现方案如图 8-1 所示,具体实现框图如图 8-2 所示。

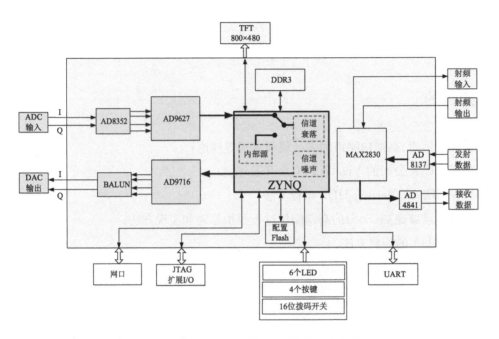

图 8-1 瑞利衰落信道实现方案

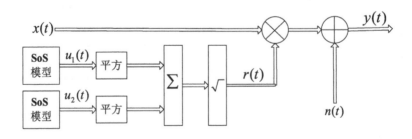

图 8-2 无线衰落信道综合实验具体实现框图

首先产生信道输入测试信号 $x(t)$,然后通过 SoS 模型产生两路互不相关高斯随机过
程 $u_1(t)$ 和 $u_2(t)$,分别平方相加后再开方得到瑞利衰落 $r(t)$,同时基于 SoS 模型产生高
斯噪声 $n(t)$,最后根据式 $y(t)=r(t)x(t)+n(t)$ 可得到信道输出信号 $y(t)$。 拨码开关
及按键定义表格如表 8-1 所示。

8.3.3 系统参数

（1）系统时钟 120 MHz，AD 采样频率 40 MHz，DA 采样频率 120 MHz；

（2）内部单音信号源频率 5 MHz；

（3）外部信号源频率范围 100 kHz～2 MHz；

（4）信道采样率 1.2 MHz。

表 8-1 拨码开关及按键定义

拨码开关及按键	取值	定义
SW10_7	0	内部源
	1	外部源
SW10_8	0	仅衰落影响下输出信号
	1	衰落和噪声共同影响下输出信号
SW1	按下	FPGA 复位

8.4 预备知识

8.4.1 无线信道基本原理

无线信号在传播过程中会受到信道衰落和噪声的随机失真影响，接收端信号可表示为

$$y(t) = r(t)x(t) + n(t) \tag{8-1}$$

其中，$x(t)$、$y(t)$ 分别为发送和接收信号；$r(t)$ 表示信道时变乘性衰落因子；$n(t)$ 表示等效的加性噪声，通常设为高斯白噪声。

8.4.2 瑞利衰落的统计特性

信号经过不同的路径到达接收端，接收信号若不包括直视信号，仅包含多条反射或折射等路径信号分量，此时接收信号的包络服从瑞利衰落。瑞利衰落信道要求信号传输的物理环境中有足够多的散射体，且散射体的分布比较均匀，传输信号在不同物体上反射造成随机的时延，此时接收到的信号是一个复高斯随机过程，对应包络服从瑞利分布，相位服从均匀分布

$$f(r) = \frac{r}{\sigma_0^2} \exp\left(-\frac{r^2}{2\sigma_0^2}\right), \quad 0 \leqslant r < \infty \tag{8-2}$$

$$f(\varphi) = \frac{1}{2\pi}, \quad 0 \leqslant \varphi \leqslant 2\pi \tag{8-3}$$

其中，r 表示时变衰落 $r(t)$ 的幅度；φ 表示时变衰落 $r(t)$ 的相位；σ_0^2 为瑞利衰落的方差，瑞利衰落幅值的概率分布曲线如图 8-3 所示。

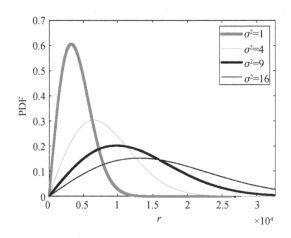

图 8-3 瑞利衰落包络幅值的概率分布

8.4.3   瑞利衰落的硬件模拟方法

当信道衰落的包络幅值服从瑞利分布，相位满足 $[0, 2\pi)$ 内均匀分布时，称为瑞利衰落信道，可用复高斯随机过程描述

$$r(t) = |\, u_1(t) + \mathrm{j}u_2(t)\,| \tag{8-4}$$

式中，$u_1(t)$ 和 $u_2(t)$ 分别表示相互独立的高斯随机过程，可采用上述 SoS 模型来实现。当传播环境散射体均匀分布，信道衰落的典型多普勒功率谱为 U 形谱

$$S_{rr}(f) = \begin{cases} \dfrac{\sigma_0^2}{\pi f_\mathrm{d}\sqrt{1-(f/f_\mathrm{d})^2}}, & |\,f\,| \leqslant f_\mathrm{d} \\[2mm] 0, & |\,f\,| > f_\mathrm{d} \end{cases} \tag{8-5}$$

其中，$i = 1, 2$；σ_0^2 为 $\mu_i(t)$ 的方差；f_d 表示最大多普勒频率。对应的时域自相关函数为

$$R(\tau) = J_0(\omega_\mathrm{d}\tau) \tag{8-6}$$

其中，$\omega_\mathrm{d} = 2\pi f_\mathrm{d}$，$J_0(\bullet)$ 表示零阶第一类 Bessel 函数。

8.5   操作步骤

1）新建工程

打开 Vivado，点击 File→Project→New，输入工程名称和工程路径，设置器件类型和仿真参数。

2) 创建顶层文件

在 Source 工作区单击右键,选择 Add Sources 添加设计文件,文件类型选择 Verilog Moudule,在 File name 栏中输入文件名,建立顶层文件,编写顶层控制代码 channel_fading。

3) 添加时钟模块

添加 Clocking Wizard IP 核,配置产生 120 MHz 的工作时钟,添加分频模块,编写代码对工作时钟进行 100 分频产生衰落信道所需的采样时钟 1.2 MHz。IP 核参数配置见图 8-4。

图 8-4 Clocking Wizard IP 核参数配置

4）添加信号产生模块

调用 DDS IP 核产生 5 MHz 的单音信号，DDS 配置界面如图 8-5 所示。

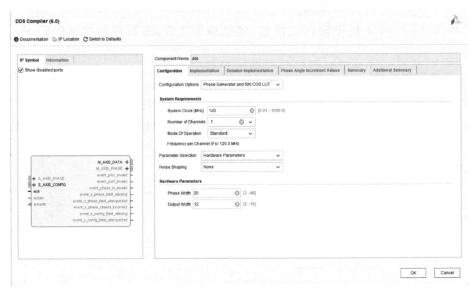

图 8-5　DDS IP 核配置参数

5）添加输入信号选择模块

仿照步骤 2，添加输入信号选择模块，控制 AD 芯片获得外部输入信号，通过开关选择测试信号为内部源还是外部信号源。

6）添加 SoS 信道模块产生高斯随机过程

（1）编写 MATLAB 代码生成余弦表系数，并进行定点量化，生成 coe 文件。MATLAB 代码如下：

```
x = linspace(0,0.5 * pi,1024);

y = cos(x);

y0 = y * 32767;

fid = fopen('e:/matlab_test/cos/cos_coe.txt','wt');

fprintf(fid,'%15.0f\n',y0);

fclose(fid);
```

（2）将上述 MATLAB 代码生成的 cos_coe.txt 文件名改为 cos_coe.coe，将正文中每一行之间的空格替换为逗号，并在最后一行添加分号。最后，在文件首行添加下面代码：

```
memory_initialization_radix = 10;

memory_initialization_vector =
```

最后获得的 coe 文件如图 8-6 所示。

图 8-6　余弦表 coe 文件

（3）将 cos_coe. coe 加载到 Vivado 的 IP 核 Block Memory Generator 中，设置数据宽度为 15 位，深度为 1 024 位（图 8-7）。通过输入的角频率及相位的参数查找余弦表，然后将余弦表输出的 16 路信号叠加，得到高斯随机过程。

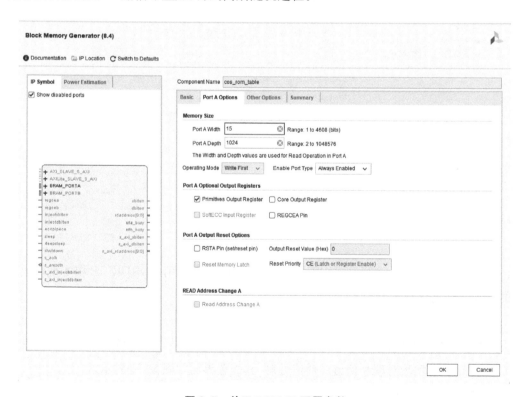

图 8-7　单口 ROM IP 配置参数

7) 添加瑞利衰落产生模块

（1）根据图 8-2 原理产生两路高斯随机过程，本实验中 SoS 模型的 16 路散射支路的 ω_n 分别为 14'h333，14'h2EC，14'h226，14'h101，14'h3FAF，14'h3E6C，14'h3D6E，14'h3CE0，14'h3CDC，14'h3D62，14'h3E5A，14'h3F9B，14'hED，14'h216，14'h2E4，14'h332 和 14'h00，14'h14B，14'h25E，14'h309，14'h32F，14'h2C8，14'h1E8，14'hB3，14'h3F60，14'h3E28，14'h3D41，14'h3CD2，14'h3CEF，14'h3D93，14'h3EA1，14'h3FEB，此处 SoS 模块工作时钟为 12 MHz，产生的衰落相对较慢。调用乘法器 IP 核完成两路高斯过程的平方，乘法器配置端口 A、B 都为有符号 20 位数，配置界面如图 8-8 所示。

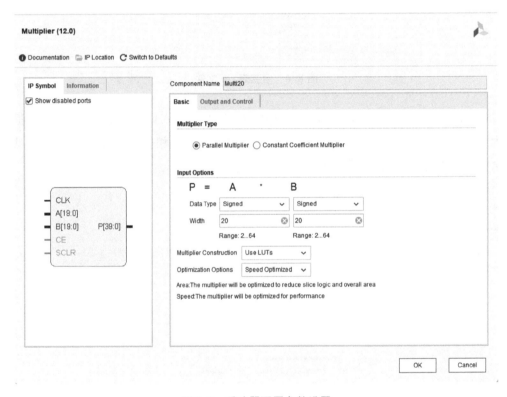

图 8-8 乘法器配置参数设置

（2）添加求和模块，编写代码实现两路平方相加，最后调用 CORDIC IP 核实现输出数据的开方，产生瑞利衰落（图 8-9）。

8) 添加插值模块

瑞利信道模块采样频率为 1.2 MHz，测试信号采样频率为 120 MHz，所以应该调用 IP 核 CIC Compiler 实现对瑞利信道的插值处理，其配置界面如图 8-10 所示。

9) 添加噪声产生模块

参考步骤 7，调用 SoS 模型产生高斯噪声，此处设置 SoS 模型工作时钟为 120 MHz，

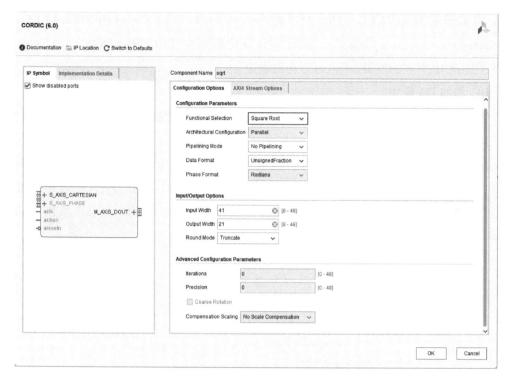

图 8-9　CORDIC IP 核参数设置

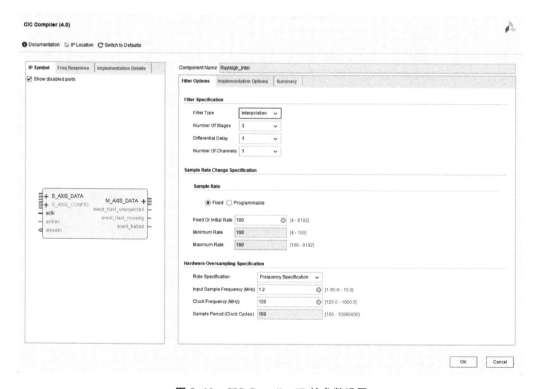

图 8-10　CIC Compiler IP 核参数设置

输入 16 路分别为 14'hCCC，14'hBB3，14'h898，14'h404，14'h3EBF，14'h39B1，14'h35B8，14'h3382，14'h3372，14'h3588，14'h396A，14'h3E6D，14'h3B6，14'h85B，14'hB91，14'hCCB，此时对应的高斯噪声可近似为白噪声。

10）添加 DA 模块

仿照步骤 2，添加信号输出模块，编写代码控制 DA 芯片输出内部源或者外部源信号。

11）设置集成逻辑分析仪

在项目管理区 PROJECT MANAGER 处点击 IP Catalog 按钮添加 IP 核，在搜索框中输入 ILA 找到集成逻辑分析仪（Integrated Logic Analyzer），并双击进入配置界面，根据观测数据配置探针数目 Number of Probes、数据宽度 Probe Width 及采样点数 Sample Data Depth（图 8-11）。

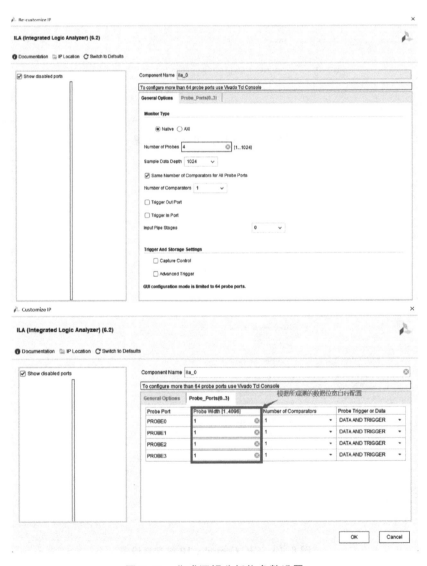

图 8-11　集成逻辑分析仪参数设置

12）添加管脚约束文件

在项目管理区 PROJECT MANAGER 处点击 Add Sources 按钮，选择 Add or create constraints 添加管脚约束文件，选择文件类型 File type 为 XDC，在 File name 框中输入文件名称，点击 Finish 按钮添加空白约束文件，然后结合实验箱的管脚编写约束代码写入约束文件即可。

13）烧录文件

在编程和调试区 PROGRAM AND DEBUG 处点击 Generate Bitstream，将工程文件进行编译、综合并生成 bit 文件；将实验箱接通电源并完成连接，选择 Open Target→Auto Connect 选项自动扫描连接，然后选择 Program Device 选项，单击"xc7z020_1"，选择需要下载的 bit 文件，即可将 bit 文件烧录到硬件平台上（图 8-12）。

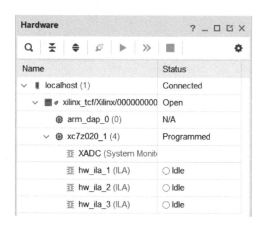

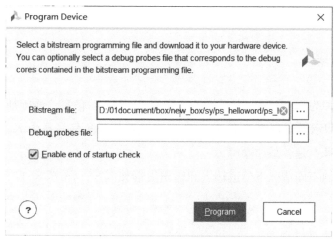

图 8-12　bit 文件烧录

14）分析统计特性

（1）将 ILA 界面 Waveform 下的 DATA 端口数据设置进制为有符号十进制，然后点击 File→Export→Export ILA Data 导出 ILA 核抓取的数据,出现图 8-13 界面,选择导出
数据格式为 CSV 格式。

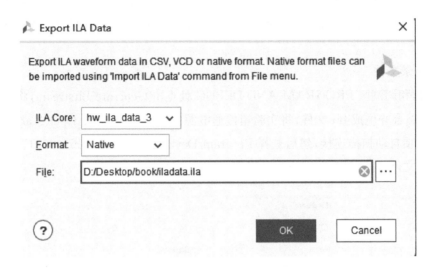

图 8-13　导出路径设置

（2）打开 MATLAB 软件,编写代码,将 ILA 导出的数据载入 MATLAB,得到噪声幅
值和瑞利衰落幅值的统计分布特性。

15）观察实验现象

将信号发生器、实验箱、示波器进行连接,改变拨码开关位置,观察衰落和噪声影响下
的输出信号波形。

8.6　实验结果

设置系统时钟为 120 MHz,内部信息信号为 5 MHz,对信息信号施加瑞利衰落和噪声
影响,通过 ILA 和示波器观察波形,通过拨码开关选择信息信号是内部源还是外部源,以
及最后输出的信号上是否添加噪声。

ILA 观测到的不同情况下信道输入和输出波形如图 8-14～图 8-17 所示。

图 8-14　信道输入信号波形

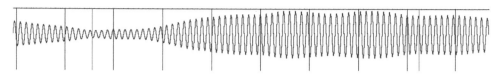

图 8-15 瑞利衰落信道输出信号波形

图 8-16 高斯噪声输出信号波形

图 8-17 瑞利衰落信道添加高斯噪声输出信号波形

示波器观测到的信道不同情况下信道输入和输出波形如图 8-18～图 8-20 所示。

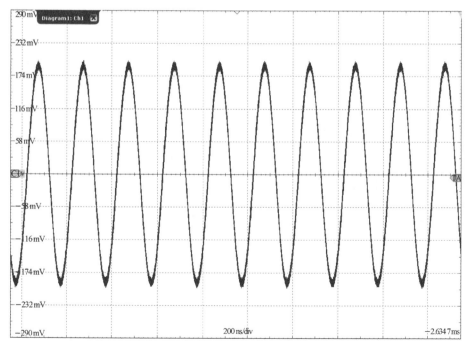

图 8-18 信道输入信号波形(5 MHz)

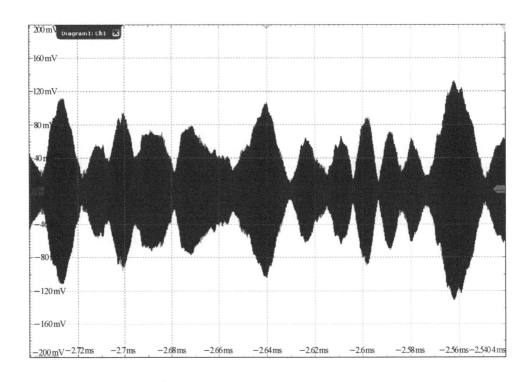

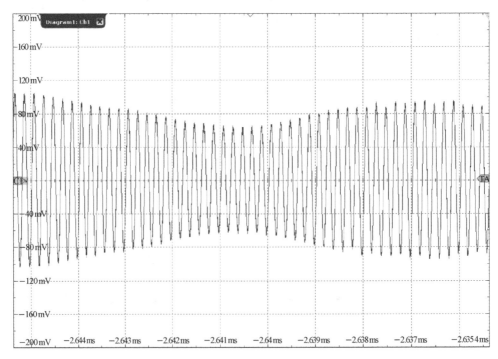

图 8-19　瑞利衰落信道输出信号波形

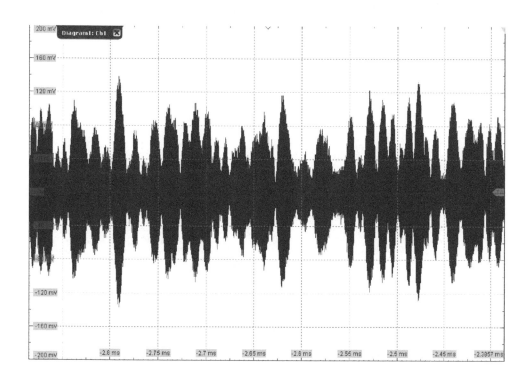

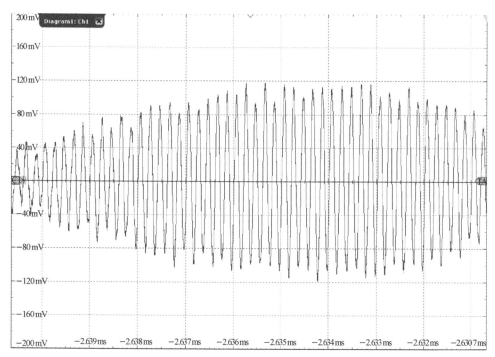

图 8-20 瑞利衰落和高斯噪声信道输出信号波形

将数据导出,并利用 MATLAB 分别统计瑞利衰落的幅值分布,结果如图 8-21 所示。

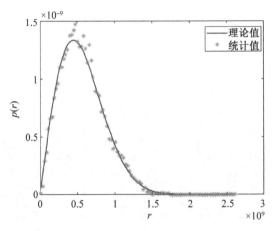

图 8-21　瑞利衰落幅值分布

【思考题】

1. 抓取数据后,生成瑞利衰落的幅值分布,观察并分析偏差。

2. 编写 MATLAB 代码实现整个实验流程,讨论两者的差别。

第四篇

工程应用篇

9

多输入多输出衰落信道设计实现

9.1 实验目的

（1）熟悉 MIMO 通信场景信道衰落原理；

（2）熟悉 XILINX 公司的 Vivado FPGA 开发环境；

（3）熟悉 VHDL 或 Verilog HDL 编程方法；

（4）掌握 MATLAB、Modelsim 等辅助工具与 Vivado 的联合使用；

（5）掌握 MIMO 信道的实现方法。

9.2 设备需求

硬件设备	软件需求
1. 无线信道实验箱 1 台； 2. 信号发生器 1 台； 3. 示波器 1 台； 4. 频谱仪 1 台	1. Vivado 集成开发环境； 2. Modelsim 软件； 3. MATLAB 软件

9.3 任务描述

9.3.1 实验内容

（1）基于 SoC 模型实现复高斯衰落信道；

（2）基于复高斯衰落信道和相关矩阵实现 MIMO 衰落信道；

（3）通过 ILA 观察经过 MIMO 信道后输出信号波形，并通过示波器观察；

（4）利用 MATLAB 对导出数据进行统计分析。

9.3.2 基本实现方案

MIMO 衰落信道综合实验的实现方案如图 9-1 所示,具体实现框图如图 9-2 所示。

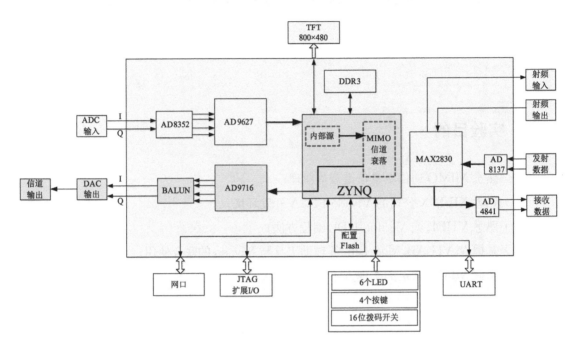

图 9-1　MIMO 信道实验实现方案

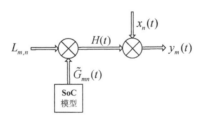

图 9-2　MIMO 信道综合实验具体实现框图

首先产生信道输入测试信号 $x_n(t)$,然后通过 SoC 模型产生多路独立同分布的复高斯信道衰落 $\tilde{G}_{mn}(t)$,与空间信道相关系数矩阵 $L_{m,n}$ 矩阵相乘得到 MIMO 信道 $H(t)$,最后根据式 $y_m(t) = H(t)x_n(t)$ 可得到信道输出信号 $y_m(t)$。

9.3.3 系统参数

（1）系统时钟 40 MHz,AD 采样频率 40 MHz,DA 采样频率 120 MHz;

（2）内部单音信号源频率 5 MHz。

9.4 预备知识

9.4.1 MIMO 通信技术

多输入多输出（Multiple-Input Multiple-Output，MIMO）技术指的是在不额外增加频谱资源或者提高天线发射功率的基础上，通过在通信系统的收发端使用多根天线来增加空间维度的信息，从而提高通信系统的信道容量，提升频谱效率，改善通信品质。

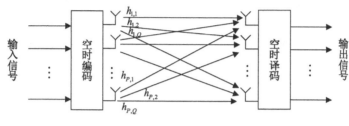

图 9-3　MIMO 通信系统

MIMO 技术首先由马可尼在 20 世纪初提出用来抗信号衰落；一直到 20 世纪 70 年代该技术才被用于通信系统中；到了 90 年代，MIMO 技术的容量、处理算法、空时码被相继研究出来。自从贝尔实验室在 1998 年成功地建立了第一个 4×4MIMO 系统以来，该技术引起研究者广泛关注，并迅速发展直至今日，大规模 MIMO 技术被应用到 5G 中。MIMO 技术通过分集和复用实现。分集技术不同于传统的提高发射功率、改变天线尺寸位置等方法，它主要可以从时域、频域和空域方面进行分集，主要以空时编码（Space-Time Codes，STC）为代表。复用技术是指采用多个天线发送数据的方式，该技术可提高天线的自由度，进而提高信道容量和频带利用率，主要以贝尔实验室提出的 BLAST（Bell Labs Layered Space-Time）为代表。MIMO 通信系统如图 9-3 所示。

（1）时域分集

将同一信号以某一固定间隔重复发送，提高接收信号增益，在快速变化场景下效果明显。但信道的自由度低，且不适用于衰落较慢、延迟较长的信号。

（2）频域分集

采用大于相干带宽的频域间隔重复发送信号，并合并接收到的信号来获得频域增益。该方法具有使用较少的天线数目的优点，但它引入了很多冗余量，降低了宽带利用率。

（3）空域分集

采取天线极化的方式传输信号，有效地降低了信号的衰落，传输可靠，信号带宽效率高,被广泛应用于通信系统中。

通过对比可以看出,只有采用空域分集方式,才能在不改变接收端功率的情况下切实有效地提高信号的传输效率和可靠性。因此,一般情况下,MIMO 的多输入多输出在空域上代表接收和发射两端的"多"天线数量。

MIMO 技术已广泛应用于多个领域,在无线通信领域中,MU-MIMO 架构是目前主流 IEEE 802.11ac 通信标准,也推动了 IEEE 802.11ax 通信标准的制定和 WiFi6 无线产品的发展;在卫星通信系统中,采用 MIMO 技术解决上行和下行链路的带宽限制,通过在同一频段内同时传输多个数据流,可以降低每比特数据传输的成本;在下一代 5G 通信系统中,MIMO 技术向着大规模 MIMO 技术发展,通过波束成型技术使信号彼此聚焦,数据速率随着干扰的减少而增加,降低设备通信的延迟时间,更有利于 5G 开发。

9.4.2 MIMO 信道模型

无线信号在多径衰落信道传播过程中接收端信号可表示为

$$y_m(t) = \boldsymbol{H}(t) x_n(t) \tag{9-1}$$

其中,$x_n(t)$,$y_m(t)$ 分别为发送和接收信号,$\boldsymbol{H}(t)$ 为信道单位冲激响应。对于收发端天线数目为 $m \times n$ 的 MIMO 通信系统,单位冲激响应矩阵可以表示为

$$\boldsymbol{H}(t) = \begin{bmatrix} \tilde{h}_{11}(t) & \tilde{h}_{12}(t) & \cdots & \tilde{h}_{1n}(t) \\ \tilde{h}_{21}(t) & \tilde{h}_{22}(t) & \cdots & \tilde{h}_{2n}(t) \\ \vdots & \vdots & & \vdots \\ \tilde{h}_{m1}(t) & \tilde{h}_{m2}(t) & \cdots & \tilde{h}_{mn}(t) \end{bmatrix} \tag{9-2}$$

式中,$\tilde{h}_{mn}(t)$ 表示第 n 根发射天线与第 m 根接收天线之间的信道衰落。将式(1-2)用向量形式表示为

$$\boldsymbol{H}(t) = [\tilde{h}_{m,n}(t)]_{m\times n} = \tilde{\boldsymbol{R}}_{m,n}^{1/2} \cdot \text{vec}[\tilde{G}_{mn}(t)]_{m\times n} \tag{9-3}$$

式中,$\text{vec}(\cdot)$ 表示矩阵向量化算子;$\text{vec}[\tilde{G}_{mn}(t)]_{m\times n} = [\tilde{G}_{11}(t), \tilde{G}_{12}(t), \cdots, \tilde{G}_{mn}(t)]^{\text{T}}$,$\tilde{G}_{mn}(t)$ 表示一个均值为 0,功率归一化的独立同分布复高斯衰落;$\tilde{\boldsymbol{R}}_{m,n}$ 表示各接收天线和发射天线间的子信道空间相关系数矩阵,$(\cdot)^{1/2}$ 表示矩阵的平方根,有 $\tilde{\boldsymbol{R}}_{m,n} = \tilde{\boldsymbol{R}}_{m,n}^{1/2}(\tilde{\boldsymbol{R}}_{m,n}^{1/2})^{\text{H}}$。

由于空间相关矩阵 $\tilde{\boldsymbol{R}}_{m,n}$ 经过 Cholesky 分解后得到的下三角系数矩阵 $\boldsymbol{L}_{m,n}$ 满足 $\boldsymbol{L}_{m,n} = \tilde{\boldsymbol{R}}_{m,n}^{1/2}$ 与 $\tilde{\boldsymbol{R}}_{m,n} = \boldsymbol{L}_{m,n}\boldsymbol{L}_{m,n}^{\text{H}}$,则公式可进一步表示为

$$\boldsymbol{H}(t) = \boldsymbol{L}_{m,n} \cdot \text{vec}[\tilde{G}_{mn}(t)] \tag{9-4}$$

以 2×2 MIMO 系统为例,其 4 阶下三角系数矩阵 $\boldsymbol{L}_{2,2}$ 可以表示为

$$\boldsymbol{L}_{2,2} = \begin{bmatrix} l_{(1,1)} & & & \\ l_{(2,1)} & l_{(2,2)} & & \\ \vdots & \vdots & \ddots & \\ l_{(4,1)} & l_{(4,2)} & \cdots & l_{(4,4)} \end{bmatrix} \tag{9-5}$$

其中，$l_{(i,j)}$ 表示下三角系数矩阵中最小组成单元，且 $i,j = 1,2,\cdots,4$。

9.4.3 信道空间相关系数矩阵

信道空间相关系数矩阵定义为

$$\tilde{\boldsymbol{R}}_{\mathrm{H}}(\tau) = \rho(\boldsymbol{H}(t)\boldsymbol{H}(t+\tau)^{\mathrm{H}}) = [\rho_{m_p,n_q}^{m_i,n_j}(\tau)]_{mn \times mn} \tag{9-6}$$

其中，$i,p = 1,2,\cdots,U$；$j,q = 1,2,\cdots,S$；$\rho(\bullet)$ 表示相关系数计算，当信道衰落均值为零且功率归一化时，有 $\tilde{\boldsymbol{R}}_{\mathrm{H}}(\tau) = \mathrm{E}\{\boldsymbol{H}(t)\boldsymbol{H}(t+\tau)^{\mathrm{H}}\}$；$(\bullet)^{\mathrm{H}}$ 表示共轭转置；$\rho_{u_p,s_q}^{u_i,s_j}(\tau)$ 表示子信道 h_{u_i,s_j} 与子信道 h_{u_p,s_q} 的相关系数，有

$$\rho_{m_p,n_q}^{m_i,n_j}(\tau) = \frac{\mathrm{E}\{\langle h_{m_i,n_j}(t), h_{m_p,n_q}(t+\tau)\rangle\}}{\sqrt{\mathrm{E}\{\langle h_{m_i,n_j}(t), h_{m_i,n_j}(t+\tau)\rangle\}} \sqrt{\mathrm{E}\{\langle h_{m_p,n_q}(t), h_{m_p,n_q}(t+\tau)\rangle\}}} \tag{9-7}$$

其中，

$$\langle x,y \rangle = \frac{\mathrm{E}\{xy\} - \mathrm{E}\{x\}\mathrm{E}\{y\}}{\sqrt{(\mathrm{E}\{x^2\} - \mathrm{E}\{x\}^2)(\mathrm{E}\{y^2\} - \mathrm{E}\{y\}^2)}} \tag{9-8}$$

当 $\tau = 0$ 时，可得到信道真实的空间相关性，即 $\tilde{\boldsymbol{R}}_{m,n} = \tilde{\boldsymbol{R}}_{\mathrm{H}}(0)$。

9.4.4 复高斯衰落的硬件模拟方法

信号经过不同的路径到达接收端，接收信号若不包括直射信号，仅包含多条反射或折射等路径信号分量，此时接收信号的包络服从瑞利衰落。瑞利衰落信道要求信号传输的物理环境中有足够多的散射体，且散射体的分布比较均匀，传输信号在不同物体上反射造成随机的时延，此时接收到的信号是一个复高斯衰落，对应包络服从瑞利分布，相位服从均匀分布，可表示为

$$r(t) = |u_1(t) + \mathrm{j}u_2(t)| \tag{9-9}$$

式中，$u_1(t)$ 和 $u_2(t)$ 分别表示相互独立的高斯随机过程，可采用上述 SoC 模型来实现。当传播环境散射体均匀分布，信道衰落的典型多普勒功率谱为 U 形谱

$$S_{\mu_i\mu_i}(f) = \begin{cases} \dfrac{\sigma_0^2}{\pi f_{\mathrm{d}}\sqrt{1-(f/f_{\mathrm{d}})^2}} & |f| \leqslant f_{\mathrm{d}} \\ 0 & |f| > f_{\mathrm{d}} \end{cases} \tag{9-10}$$

其中，$i=1,2$，σ_0^2 为 $\mu_i(t)$ 的方差；f_d 表示最大多普勒频率。对应的时域自相关函数为

$$R(\tau)=J_0(\omega_d\tau) \tag{9-11}$$

其中，$\omega_d=2\pi f_d$；$J_0(\cdot)$ 表示零阶第一类 Bessel 函数。

9.5 操作步骤

1）新建工程

打开 Vivado，点击 File→Project→New，输入工程名称和工程路径，设置器件类型和仿真参数。

2）创建顶层文件

在 Source 工作区单击右键，选择 Add Sources 添加设计文件，文件类型选择 Verilog Moudule，在 File name 栏中输入文件名，建立顶层文件，编写顶层控制代码 Pro_Top。

3）添加时钟模块

添加 Clocking Wizard IP 核，分别配置产生 120 MHz 的工作时钟和 5 MHz 的分频时钟。IP 核参数配置见图 9-4。

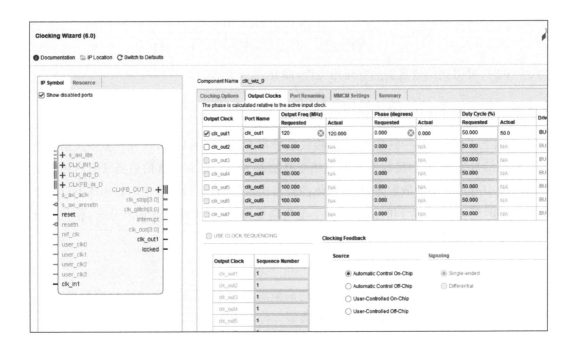

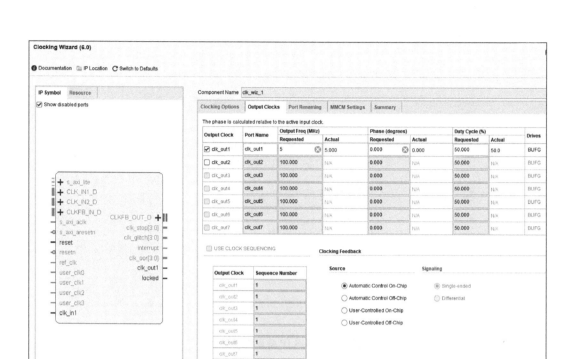

图 9-4　Clocking Wizard IP 核参数配置

4）添加信号产生模块

调用 DDS IP 核产生 5 MHz 的单音信号，DDS IP 配置界面如图 9-5。

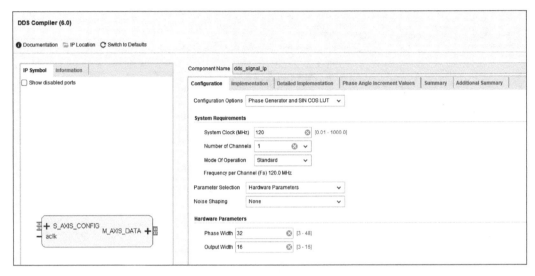

图 9-5 DDS IP 核配置参数

5）添加 SoS 信道模块产生高斯随机过程

（1）编写 MATLAB 代码生成余弦表系数，并进行定点量化，生成 coe 文件。MATLAB 代码如下：

```
x = linspace(0,0.5 * pi,1024);

y = cos(x);

y0 = y * 32767;

fid = fopen('e：/matlab_test/cos/cos_coe.txt','wt');

fprintf(fid,'%15.0f\n',y0);

fclose(fid);
```

（2）将上述 MATLAB 代码生成的 cos_coe. txt 文件名改为 cos_coe. coe，将正文中每一行之间的空格替换为逗号，并在最后一行添加分号。最后，在文件首行添加下面代码：

```
memory_initialization_radix = 10；

memory_initialization_vector =
```

最后获得的 coe 文件如图 9-6 所示。

（3）将 cos_coe. coe 加载到 Vivado 的 IP 核 Block Memory Generator 中，设置数据宽

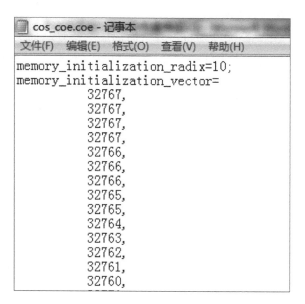

图 9-6　余弦表 coe 文件

度为 15 位,深度为 1024 位(图 9-7)。通过输入的角频率及相位的参数查找余弦表,然后将余弦表输出的 16 路信号叠加,得到高斯随机过程。

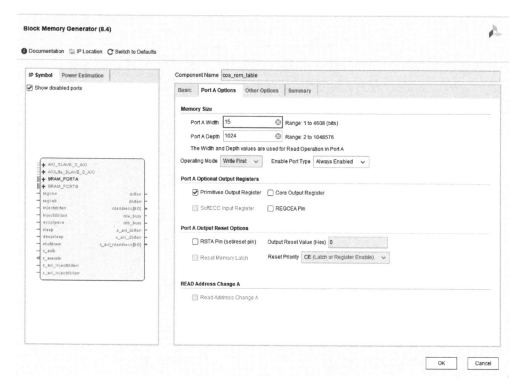

图 9-7　单口 ROM IP 配置参数

6）添加复高斯衰落产生模块

根据图 8-2 原理产生两路高斯随机过程从而形成一路复高斯衰落，本实验的多径衰落需要产生 4 路复高斯衰落。本实验共需要给到 64 个不同的 ω_n，此处 SoC 模块工作时钟为 5 MHz，产生衰落的数据速率与信号不匹配（信号数据速率为 120 MHz），所以应该调用 IP 核 CIC Compiler 实现对瑞利信道的插值处理，其配置界面如图 9-8。

图 9-8　CIC Compiler IP 核参数设置

7) 添加 MIMO 模块

仿照步骤 2,添加 MIMO 模块。然后,将产生的 4 路复高斯衰落与下三角系数矩阵 L 相乘得到 4 路子信道;最后,将相互之间具有特定相关性的 4 路子信道叠加到内部信号源产生的单音信号上,即可得到经过 MIMO 信道衰落后的信号。

8) 添加 DA 模块

仿照步骤 2,添加信号输出模块,编写代码控制 DA 芯片输出信号。

9) 设置集成逻辑分析仪

在项目管理区 PROJECT MANAGER 处点击 IP Catalog 按钮添加 IP 核,在搜索框中输入 ILA 找到集成逻辑分析仪(Integrated Logic Analyzer),并双击进入配置界面,根据观测数据配置探针数目 Number of Probes、数据宽度 Probe Width 及采样点数 Sample Data Depth。

10) 添加管脚约束文件

在项目管理区 PROJECT MANAGER 处点击 Add Sources 按钮,选择 Add or create constraints 添加管脚约束文件,选择文件类型 File type 为 XDC,在 File name 框中输入文件名称,点击 Finish 按钮添加空白约束文件,然后结合实验箱的管脚编写约束代码写入约束文件即可。

11) 烧录文件

在编程和调试区 PROGRAM AND DEBUG 处点击 Generate Bitstream,将工程文件进行编译、综合并生成 bit 文件;将实验箱接通电源并完成连接,选择 Open Target→Auto Connect 选项自动扫描连接,然后选择 Program Device 选项,单击"xc7z020_1",选择需要下载的 bit 文件,即可将 bit 文件烧录到硬件平台上(图 9-9)。

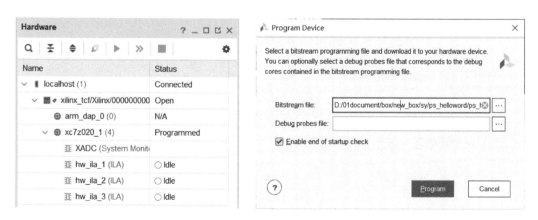

图 9-9 bit 文件烧录

12) 分析信道相关系数

(1) 将 ILA 界面 Waveform 下的 DATA 端口数据设置进制为有符号十进制,然后点击 File→Export→Export ILA Data 导出 ILA 核抓取的数据,出现图 9-10 界面,选择导出数据格式为 CSV 格式。

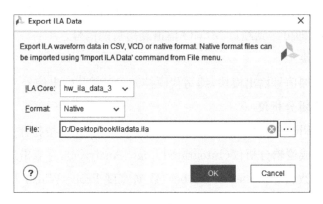

图 9-10　导出路径设置

（2）打开 MATLAB 软件,编写代码,将 ILA 导出的数据载入 MATLAB,分析信道相关系数。

13）观察实验现象

将实验箱和示波器进行连接,观察 MIMO 信道下的输出信号波形。

9.6　实验结果

设置系统时钟为 $120\,\mathrm{MHz}$,内部源产生两路频率为 $5\,\mathrm{MHz}$ 的单音信号,通过拨码开关选择不同的信道空间相关系数矩阵,通过 ILA 和示波器观察时域波形。

1）当拨码开关为 00 时

理论空间自相关系数矩阵: $\boldsymbol{R} = \begin{pmatrix} 1 & 0 & 0 & 0 \\ 0 & 1 & 0 & 0 \\ 0 & 0 & 1 & 0 \\ 0 & 0 & 0 & 1 \end{pmatrix}$

ILA 观测到的输出波形如图 9-11 所示。

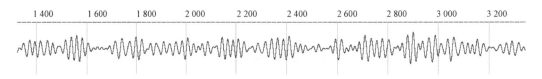

图 9-11　拨码开关为 00 时 ILA 观测到的输出波形

示波器观测到的输出波形如图 9-12 所示。

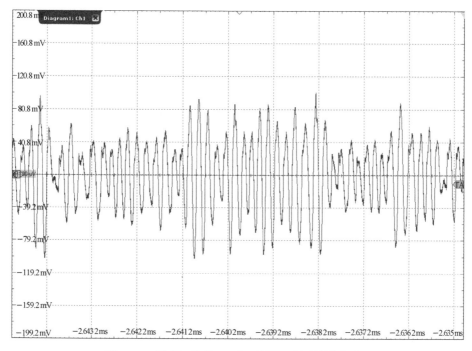

图 9-12   拨码开关为 00 时示波器观测到的输出波形

MATLAB 分析得到相关系数矩阵：$R = \begin{pmatrix} 1 & 0.000\,2 & 0.001\,4 & 0.005\,6 \\ 0.000\,2 & 1 & 0.000\,7 & 0.000\,6 \\ 0.001\,4 & 0.000\,7 & 1 & -0.000\,7 \\ 0.005\,6 & 0.000\,6 & -0.000\,7 & 1 \end{pmatrix}$

2）当拨码开关为 01 时

理论空间自相关系数矩阵：$R = \begin{pmatrix} 1 & 0.3 & 0.3 & 0.3 \\ 0.3 & 1 & 0.3 & 0.3 \\ 0.3 & 0.3 & 1 & 0.3 \\ 0.3 & 0.3 & 0.3 & 1 \end{pmatrix}$

ILA 观测到的输出波形如图 9-13 所示。

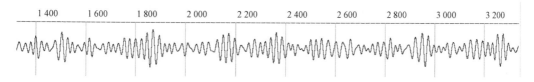

图 9-13   拨码开关为 01 时 ILA 观测到的输出波形

示波器观测到的输出波形如图 9-14 所示。

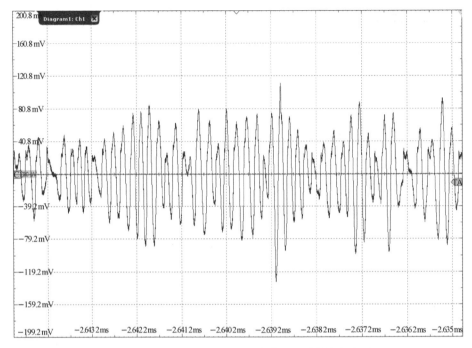

图 9-14　拨码开关为 01 时示波器观测到的输出波形

MATLAB 分析得到相关系数矩阵：$\boldsymbol{R} = \begin{pmatrix} 1 & 0.286\,7 & 0.309\,5 & 0.303\,1 \\ 0.286\,7 & 1 & 0.288\,9 & 0.311\,1 \\ 0.309\,5 & 0.288\,9 & 1 & 0.299\,6 \\ 0.303\,1 & 0.311\,1 & 0.299\,6 & 1 \end{pmatrix}$

3）当拨码开关为 10 时

理论空间自相关系数矩阵：$\boldsymbol{R} = \begin{pmatrix} 1 & 0.5 & 0.5 & 0.5 \\ 0.5 & 1 & 0.5 & 0.5 \\ 0.5 & 0.5 & 1 & 0.5 \\ 0.5 & 0.5 & 0.5 & 1 \end{pmatrix}$

ILA 观测到的输出波形如图 9-15 所示。

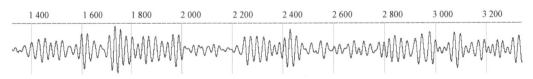

图 9-15　拨码开关为 10 时 ILA 观测到的输出波形

示波器观测到的输出波形如图 9-16 所示。

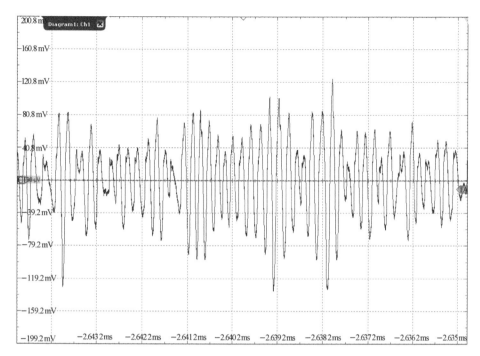

图 9-16　拨码开关为 10 时示波器观测到的输出波形

MATLAB 分析得到相关系数矩阵：$R = \begin{pmatrix} 1 & 0.507\,7 & 0.492\,9 & 0.509\,8 \\ 0.507\,7 & 1 & 0.493\,1 & 0.492\,1 \\ 0.492\,9 & 0.493\,1 & 1 & 0.484\,9 \\ 0.508\,9 & 0.492\,1 & 0.484\,9 & 1 \end{pmatrix}$

4）当拨码开关为 11 时

理论空间自相关系数矩阵：$R = \begin{pmatrix} 1 & 0.7 & 0.7 & 0.7 \\ 0.7 & 1 & 0.7 & 0.7 \\ 0.7 & 0.7 & 1 & 0.7 \\ 0.7 & 0.7 & 0.7 & 1 \end{pmatrix}$

ILA 观测到的输出波形如图 9-17 所示。

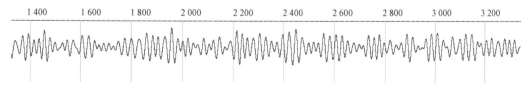

图 9-17　拨码开关为 11 时 ILA 观测出的输出波形

示波器观测到的输出波形如图 9-18 所示。

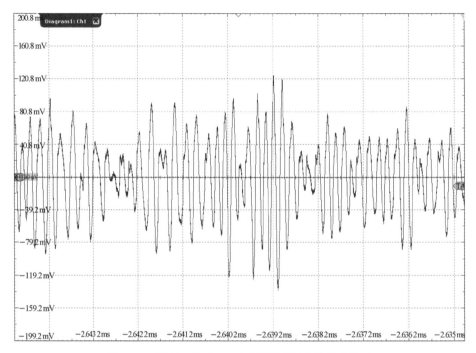

图 9-18　拨码开关为 11 时示波器观测出的输出波形

MATLAB 分析得到相关系数矩阵：$R = \begin{pmatrix} 1 & 0.6835 & 0.7073 & 0.6893 \\ 0.6835 & 1 & 0.6898 & 0.6792 \\ 0.7073 & 0.6898 & 1 & 0.6918 \\ 0.6893 & 0.6792 & 0.6918 & 1 \end{pmatrix}$

【思考题】

1. 分析对于 MIMO 通信系统而言，不同的信道相关系数矩阵带来的影响。

2. 分析实验输出的信道系数相关矩阵与理论值存在偏差的原因。

10

卫星通信场景复合衰落信道设计实现

10.1 实验目的

(1) 熟悉卫星通信场景复合衰落信道原理；

(2) 熟悉 XILINX 公司的 Vivado FPGA 开发环境；

(3) 熟悉 VHDL 或 Verilog HDL 编程方法；

(4) 掌握 MATLAB、Modelsim 等辅助工具与 Vivado 的联合使用；

(5) 掌握基于复谐波叠加(SoC)的复合衰落信道的实现方法。

10.2 设备需求

硬件设备	软件需求
1. 无线信道实验箱 1 台； 2. 信号发生器 1 台； 3. 示波器 1 台； 4. 频谱仪 1 台	1. Vivado 集成开发环境； 2. Modelsim 软件； 3. MATLAB 软件

10.3 任务描述

10.3.1 实验内容

(1) 基于 SoC 模型实现复合衰落信道,通过拨码开关选择输出衰落类型；

(2) 通过 ILA 观察衰落影响下输出信号波形,并通过示波器观察；

(3) 通过频谱仪观察不同衰落信道的频谱。

10.3.2 实现方案

卫星通信场景复合衰落信道综合实验的实现方案如图 10-1 所示,具体实现框图如图 10-2 所示。

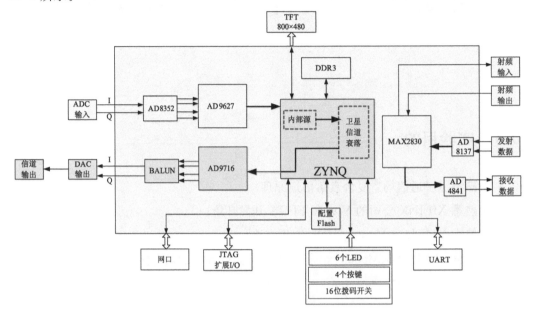

图 10-1 卫星通信场景复合衰落信道实验实现方案

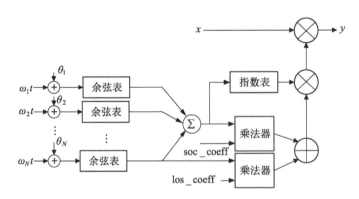

图 10-2 卫星综合场景复合衰落信道实现框图

10.3.3 系统参数

(1) 系统时钟 40 MHz,AD 采样频率 40 MHz,DA 采样频率 120 MHz;

(2) 内部单音信号源频率 8 MHz。

拨码开关的定义如表 10-1 所示。

表 10-1　拨码开关定义

拨码开关	取值	定义
SW10_5	0	内部源信号
	1	外部源信号
SW10_6	0	信号不施加信道
	1	信号施加信道
SW10_7	0	信道不叠加阴影衰落
	1	信道叠加阴影衰落
SW10_8	0	Rayleigh 衰落信道
	1	Rice 衰落信道

10.4　预备知识

10.4.1　卫星通信

卫星通信是利用卫星进行数据传输和通信的一种技术。一个完整的卫星通信系统包括地面站、卫星和用户终端三个主要组成部分。其中,地面站通过无线电信号与用户终端进行通信,并将信号传输到卫星上,这些信号可以是语音、视频、图像或其他格式的信号;卫星接收地面站发出的信号,并将其转发到目标区域——可以是一个或多个地面站或用户终端;用户终端通过接收卫星发出的信号来获取信号。

卫星通信的工作频段一般在 300 MHz～300 GHz 之间,这是因为卫星处于电离层之外,发射的电磁波信号必须具备穿透电离层的特性。然而,并不是整个频段都适用于卫星通信。在选择工作频段时,要求电磁波信号传输的衰减要尽可能小。当电磁波信号在地面站与卫星之间传播时,要穿过地球周围的大气层,会受到电离层中自由电子和离子的吸收,还会受到对流层中的氧、水汽及雨、雪、雾的吸收和散射,并产生一定的衰减。这种衰减的大小与电磁波信号频率、天线仰角及气候条件有密切的关系。大气层对电磁波信号的影响具体如图 10-3 所示。

卫星通信具有以下优点:

(1) 覆盖广泛:卫星通信可以覆盖大范围的地理区域,无论是陆地上的城市还是海洋上的船只或天空中的飞机都可以进行通信;

(2) 无线传输:卫星通信无需铺设电缆或建立物理连接,可直接通过空中传输信号,便捷易用;

(3) 高带宽:卫星通信能够提供大量的带宽,满足高速数据传输的需求,如互联网访

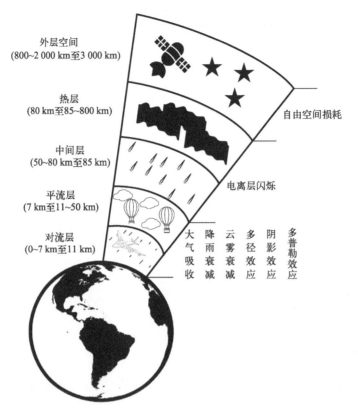

图 10-3　地球大气分层

问、视频流媒体等；

（4）抗干扰性强：卫星通信采用的是超高频和微波频段，在传输距离遥远的同时，能够有效地抵御各种干扰信号；

（5）通信品质高：卫星通信可以提供高速、稳定的通信服务，且信号传输质量较好，不受地理条件影响。

然而，卫星通信也面临一些挑战：

（1）信号传输延迟：由于信号需要经过卫星传输，会有一定的传输延迟，对实时通信和互动应用可能产生影响；

（2）天气影响：天气条件如雷雨、大雪等会对卫星信号传输造成干扰或衰减，可能导致通信连接不稳定或中断；

（3）成本高昂：建立和维护卫星通信系统需要大量资金投入，对一些贫穷地区或资源有限的地方可能不太实际。

卫星通信被广泛应用于以下领域：

电视广播：卫星通信可以通过数字电视广播方式向全球用户提供高清晰度的视频图像；

远程医疗：卫星通信可以实现远距离医疗和救援，使偏远地区的人们也能享有高质量的医疗资源；

航空航天：卫星通信可以帮助飞行器与地面进行通信控制，提高飞行安全性；

物流运输：卫星通信可以实现全球货物的跟踪和管理，提高物流操作效率；

科学探测：卫星通信可以为科学家提供观察地球、空间等天体的数据，并支持科学研究。

总而言之，卫星通信是一种强大的技术，在各个领域——特别是在远程通信和大范围覆盖方面发挥着重要作用。未来，随着技术的发展，卫星通信技术将持续改进和创新，从而为人们提供更高效、可靠的通信服务。

10.4.2 基本原理

无线信号在传播过程中会受到信道衰落和噪声的随机失真影响，接收端信号可表示为

$$y(t) = h(t)x(t) + n(t) \tag{10-1}$$

其中，$x(t)$、$y(t)$ 分别为发送和接收信号；$h(t)$ 表示信道时变乘性衰落因子；$n(t)$ 表示等效的加性噪声，通常设为高斯白噪声。

10.4.3 全阴影卫星信道

在新一代通信技术蓬勃发展的背景下，卫星通信在军事与民用领域都发挥着举足轻重的作用。相比于地面通信，卫星通信具有组网灵活、可实现全球覆盖的优点，在国家安防、民生保障、经济发展等方面具有重要的战略意义。在卫星通信系统中，由于卫星应答器与地面终端之间距离较远，卫星通信受到多径衰落和阴影效应的严重影响。这些因素严重影响了通信质量和系统的频谱效率。常用的卫星衰落信道模型包括 Suzuki、Corazza、NLN 等，由于这三种信道衰落模型都与阴影衰落有关，又统称为全阴影卫星信道。

电磁波在传播过程中，到达接收端的信号通常由多条具有不同时延和入射角度的路径叠加而成，包括直射路径分量和受到反射、折射以及障碍物衍射等影响的散射路径分量。由于受到山脉、楼宇等遮挡导致的阴影衰落，在不考虑信道噪声时，全阴影卫星信道冲激响应可以表示为

$$\tilde{h}(t, \tau) = \sum_{m=1}^{M} \left\{ \sqrt{\alpha_m(t)} \cdot \tilde{r}_m^j(t) \cdot e^{j\phi_m(t)} \delta(t - \tau_m) \right\} \tag{10-2}$$

其中，M 表示有效路径的数目；$\phi_m(t)$、τ_m、$\tilde{r}_m^j(t)$ 分别表示第 m 条路径的随机初始相位、时延和信道衰落因子；$\alpha_m(t)$ 表示路径传播损耗。$\tilde{r}_m^j(t)$ 中 $j = \text{Su}$、Co、NLN 分别表示 Suzuki、Corazza 以及 NLN 三种全阴影卫星信道衰落类型。各种信道衰落模型分别针对不同的地面端通信场景，其中，Suzuki 衰落和 NLN 衰落适用于城市场景，Corazza 衰落适

用于高速公路、郊区、乡村以及城市等各种通信场景。

$$\tilde{r}_m^j(t) = \sqrt{\beta_m(t)} \cdot \tilde{\xi}_m^i(t) \tag{10-3}$$

其中，$\tilde{\xi}_m^i(t)$，$i = RL, R, Na$ 分别表示 Rayleigh、Rice 以及 Nakagami 三种小尺度衰落类型；$\beta_m(t)$ 则表示阴影衰落，可建模为对数正态分布

$$f_{\beta_m}(\beta) = \frac{1}{\sqrt{2\pi}\sigma_m^{\log}\beta} e^{-\frac{(\ln\beta - \mu_m^{\log})^2}{2(\sigma_m^{\log})^2}} \tag{10-4}$$

其中，$\sigma_m^{\log}$ 和 $\mu_m^{\log}$ 分别表示阴影衰落的标准差和均值。

10.5　操作步骤

1) 新建工程

打开 Vivado，点击 File→Project→New，输入工程名称和工程路径，设置器件类型和仿真参数（图 10-4）。

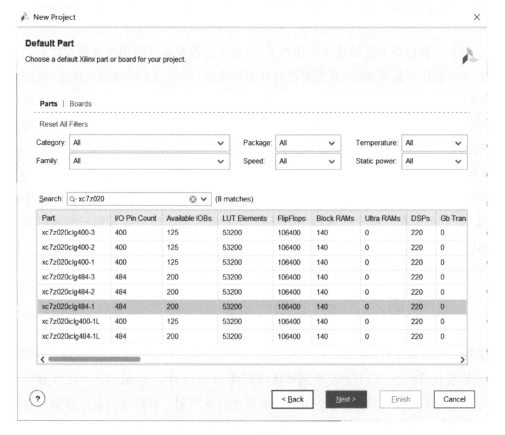

图 10-4　新建工程

2）创建顶层文件

在 Source 工作区单击右键，选择 Add Sources 添加设计文件，文件类型选择 Verilog Moudule，在 File name 栏中输入文件名，创建顶层文件，编写顶层控制代码 Top_1（图 10-5）。

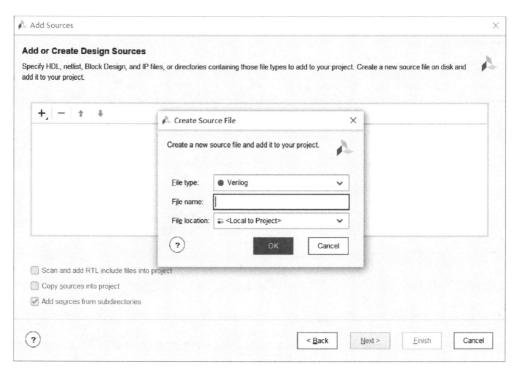

图 10-5　创建顶层文件

3）添加时钟模块

添加 Clocking Wizard IP 核,配置产生 120 MHz 的工作时钟,IP 核参数配置见图 10-6。

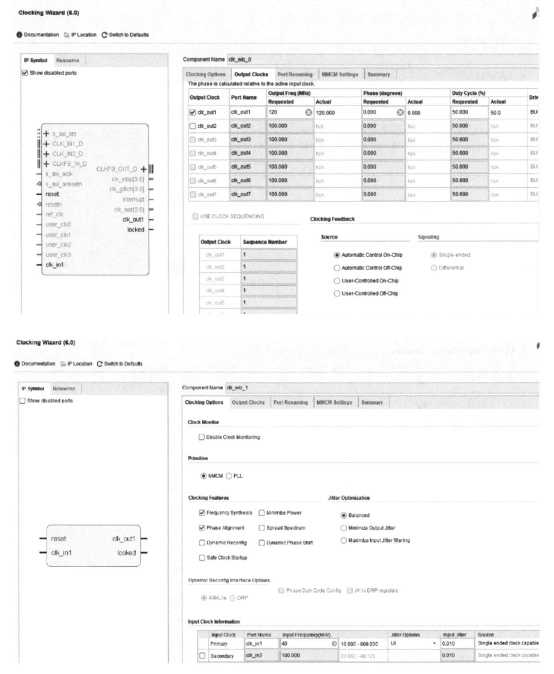

图 10-6 Clocking Wizard IP 核参数配置

4）添加信号产生模块

调用 DDS IP 核产生 8 MHz 的单音信号，DDS 配置界面如图 10-7。

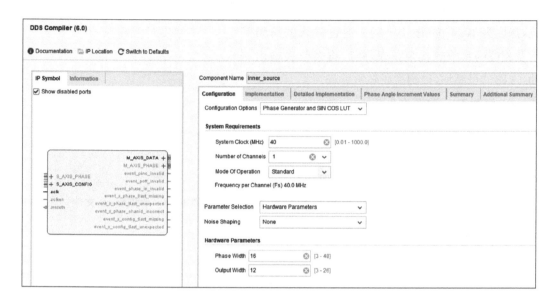

图 10-7　DDS IP 核配置参数

5）添加 SoS 信道模块产生高斯随机过程

（1）编写 MATLAB 代码生成余弦表系数，并进行定点量化，生成 coe 文件。MATLAB 代码如下：

```
x = linspace(0,0.5 * pi,1024);

y = cos(x);

y0 = y * 32767;



fid = fopen('e：/matlab_test/cos/cos_coe.txt','wt');

fprintf(fid,'%15.0f\n',y0);

fclose(fid);
```

（2）将上述 MATLAB 代码生成的 cos_coe. txt 文件名改为 cos_coe. coe，将正文中每一行之间的空格替换为逗号，并在最后一行添加分号。最后，在文件首行添加下面代码：

```
memory_initialization_radix = 10;

memory_initialization_vector =
```

最后获得的 coe 文件如图 10-8 所示。

(3) 将 cos_coe. coe 加载到 Vivado 的 IP 核 Block Memory Generator 中,设置数据宽度为 15 位,深度为 1024 位(图 10-9)。通过输入的角频率及相位的参数查找余弦表,然后将余弦表输出的 16 路信号叠加,得到高斯随机过程。

6) 添加 Rice 衰落产生模块

(1)添加乘法器 IP 核,将得到的高斯随机过程和余弦表输出的一路信号分别乘以增益系数,乘法器 IP 核的配置界面如图 10-10 所示。

(2) 将增益之后的信号的 I 路与 Q 路对应相加,得到 Rice 衰落系数。

图 10-8 余弦表 coe 文件

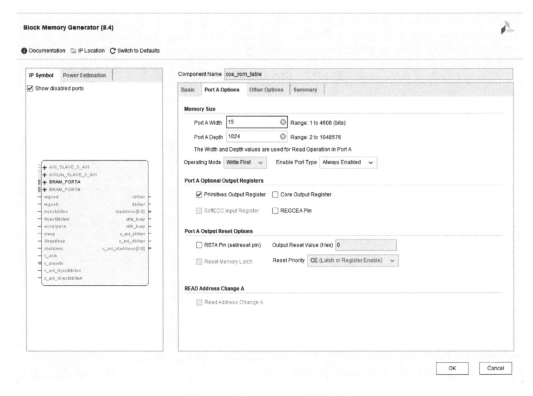

图 10-9 单口 ROM IP 配置参数

7) 添加阴影衰落产生模块

(1) 仿照步骤 5,生成指数表系数,并进行定点量化,生成 coe 文件。生成的 coe 文件及 ROM 表配置如图 10-11 和图 10-12。

图 10-10 乘法器 IP 核配置界面

（2）配置乘加器 IP 核，将步骤 5 得到的高斯随机过程高八位乘以标准差并加上均值，再加上 8192 的偏移量作为寻址信号用于读取 ROM 表，乘加器 IP 核的配置界面如图 10-13；

8）添加复合衰落模块

配置乘法器 IP 核，将得到的 Rice 衰落和阴影衰落相乘，得到复合衰落。

9）添加 DA 模块

仿照步骤 2，添加信号输出模块，编写代码控制 DA 芯片输出信号。

10）设置集成逻辑分析仪

在项目管理区 PROJECT MANAGER 处点击 IP Catalog 按钮添加 IP 核，在搜索框中输入 ILA 找到集成逻辑分析仪（Integrated Logic Analyzer），并双击进入配置界面，根据观测数据

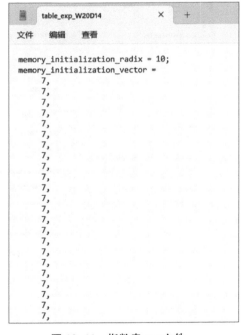

图 10-11 指数表 coe 文件

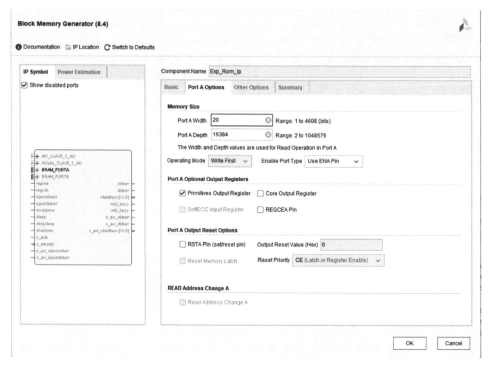

图 10-12　ROM IP 核配置界面

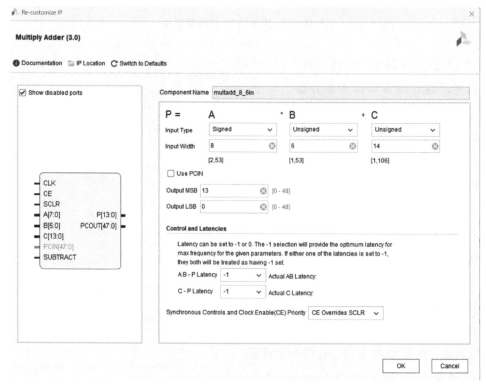

图 10-13　乘加器 IP 核配置界面

配置探针数目 Number of Probes、数据宽度 Probe Width 及采样点数 Sample Data Depth(图 10-14)。

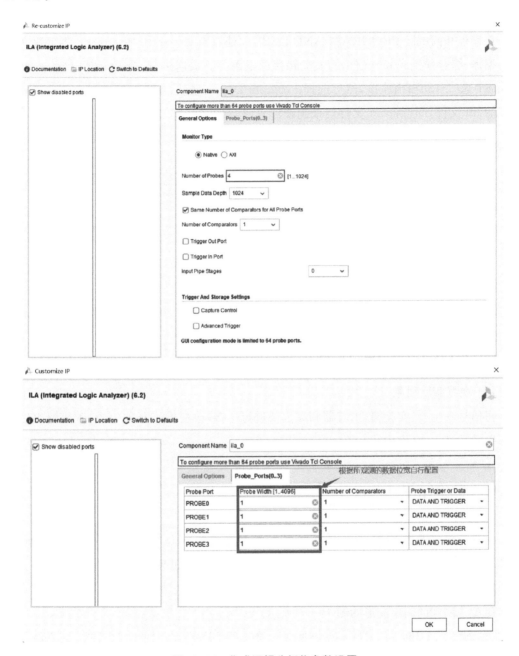

图 10-14 集成逻辑分析仪参数设置

11）添加管脚约束文件

在项目管理区 PROJECT MANAGER 处点击 Add Sources 按钮,选择 Add or create constraints 添加管脚约束文件,选择文件类型 File type 为 XDC,在 File name 框中输入文

件名称,点击 Finish 按钮添加空白约束文件,然后结合实验箱的管脚编写约束代码写入约束文件即可。

12）烧录文件

在编程和调试区 PROGRAM AND DEBUG 处点击 Generate Bitstream,将工程文件进行编译、综合并生成 bit 文件;将实验箱接通电源并完成连接,选择 Open Target→Auto Connect 选项自动扫描连接,然后选择 Program Device 选项,单击"xc7z020_1",选择需要下载的 bit 文件,即可将 bit 文件烧录到硬件平台上(图 10-15)。

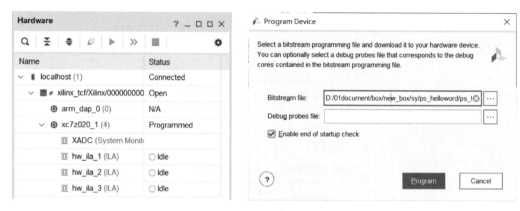

图 10-15　bit 文件烧录

13）观察实验现象

将信号发生器、实验箱、示波器和频谱仪进行连接,改变拨码开关位置,观察输出信号波形以及频谱。

10.6　实验结果

设置系统时钟为 40 MHz,内部源产生一路频率为 8 MHz 的单音信号,通过拨码开关选择不同的衰落类型,通过 ILA 和示波器观察时域波形,通过频谱仪观察频谱。

1）当拨码开关 SW10_7~8 为 00 时

ILA 观测到的输出波形如图 10-16 所示。

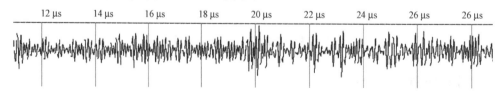

图 10-16　当拨码开关为 00 时 ILA 观测到的输出波形

示波器观测到的输出波形如图 2-17 所示。

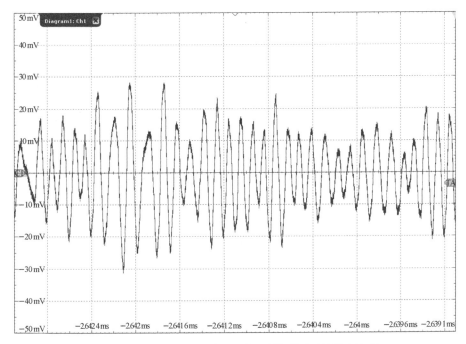

图 10-17　当拨码开关为 00 时示波器观测到的输出波形

频谱仪观测到的频谱如图 10-18 所示。

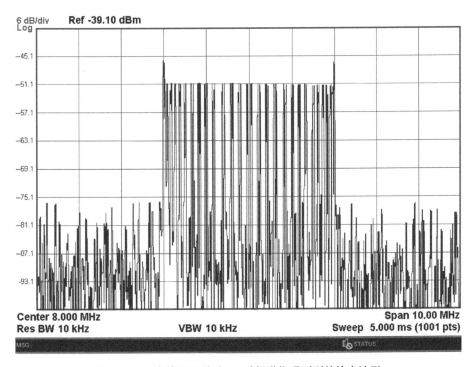

图 10-18　当拨码开关为 00 时频谱仪观测到的输出波形

2）当拨码开关 SW10_7~8 为 01 时

ILA 观测到的输出波形如图 10-19 所示。

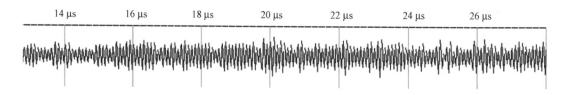

图 10-19　当拨码开关为 01 时 ILA 观测到的输出波形

示波器观测到的输出波形如图 10-20 所示。

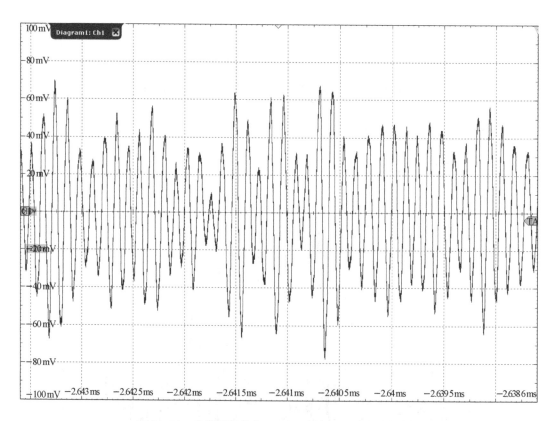

图 10-20　当拨码开关为 01 时示波器观测到的输出波形

频谱仪观测到的频谱如图 10-21 所示。

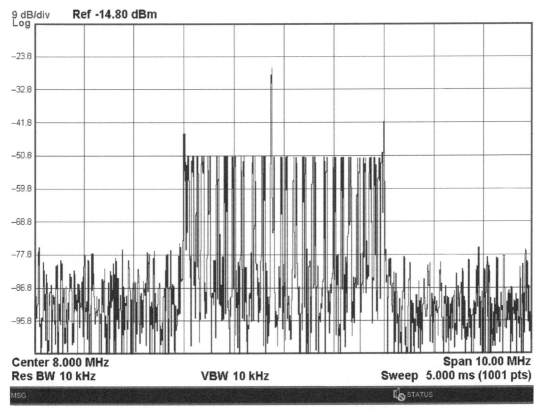

图 10-21 当拨码开关为 01 时频谱仪观测到的输出波形

3）当拨码开关 SW10_7～8 为 10 时

ILA 观测到的输出波形如图 10-22 所示。

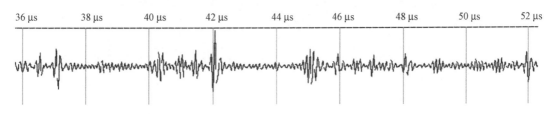

图 10-22 当拨码开关为 10 时 ILA 观测到的输出波形

示波器观测到的输出波形如图 10-23 所示。

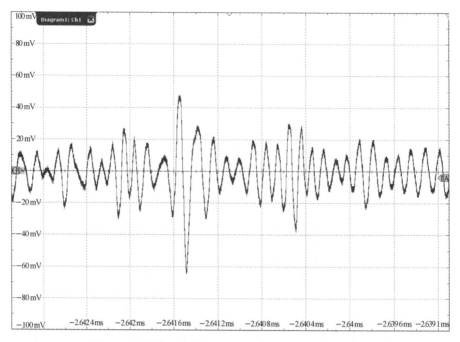

图 10-23　当拨码开关为 10 时示波器观测到的输出波形

频谱仪观测到的频谱如图 10-24 所示。

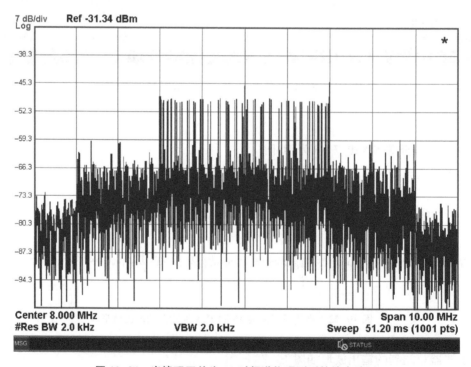

图 10-24　当拨码开关为 10 时频谱仪观测到的输出波形

4）当拨码开关 SW10_7～8 为 11 时

ILA 观测到的输出波形如图 10-25 所示。

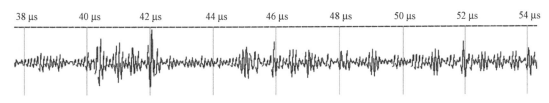

图 10-25 当拨码开关为 11 时 ILA 观测到的输出波形

示波器观测到的输出波形如图 10-26 所示。

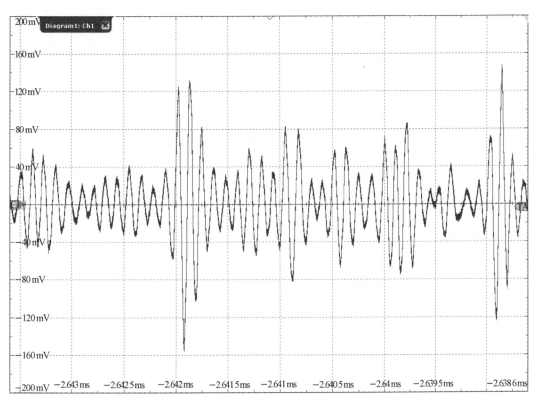

图 10-26 当拨码开关为 11 时示波器观测到的输出波形

频谱仪观测到的频谱如图 10-27 所示。

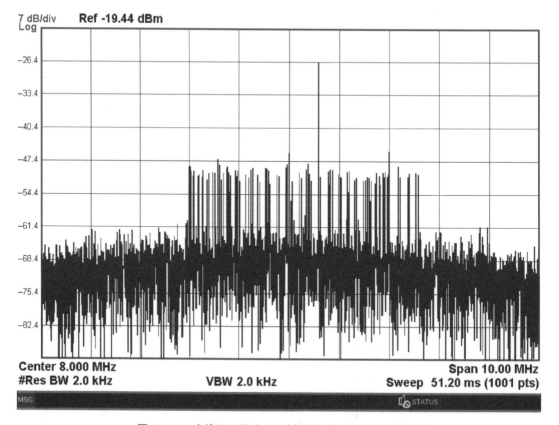

图 10-27   当拨码开关为 11 时频谱仪观测到的输出波形

【思考题】

1. 对于卫星通信系统而言,分析通信质量主要受哪类衰落的影响。

2. 针对卫星从地面接收端正上方经过通信这一场景,分析频谱的变化规律。

11

车联网场景快变衰落信道设计实现

11.1 实验目的

(1) 熟悉非平稳信道原理；

(2) 熟悉 XILINX 公司的 Vivado FPGA 开发环境；

(3) 熟悉 VHDL 或 Verilog HDL 编程方法；

(4) 掌握 MATLAB、Modelsim 等辅助工具与 Vivado 的联合使用；

(5) 掌握基于调频谐波叠加(SoFM)的非平稳衰落的实现方法。

11.2 设备需求

硬件设备	软件需求
1. 无线信道实验箱 1 台； 2. 信号发生器 1 台； 3. 示波器 1 台； 4. 频谱仪 1 台	1. Vivado 集成开发环境； 2. Modelsim 软件； 3. MATLAB 软件

11.3 任务描述

11.3.1 实验内容

(1) 通过 MATLAB 软件生成信道仿真参数；

(2) 基于 SoFM 模型实现非平稳衰落信道；

(3) 通过 ILA 观察衰落和噪声共同影响下输出信号波形,并通过示波器观察；

(4) 通过频谱仪观察非平稳衰落信道的频谱变化。

11.3.2 实现方案

车联网场景快变衰落信道实现方案如图 11-1 所示,具体实现框图如图 11-2 所示。

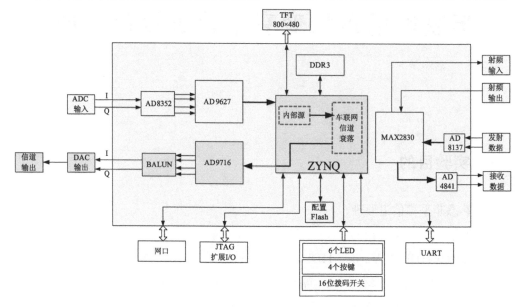

图 11-1　车联网场景快变衰落信道实现方案

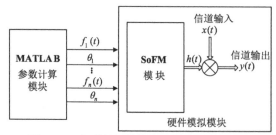

图 11-2　车联网场景快变衰落信道实现框图

11.3.3 系统参数

(1) 系统时钟 40 MHz,AD 采样频率 40 MHz,DA 采样频率 120 MHz;
(2) 内部单音信号源频率 5 MHz。

11.4 预备知识

11.4.1 车联网通信技术

车联网技术是采用终端设备提取车辆信息,并采集车辆状态和周围环境的变化,应用相应的通信技术,采用定位技术获得车辆的实时位置,运用无线传输技术实现信息的交互,实现车、人和基础设施之间的实时联网和智能交互,构建一个包含车与车(Vehicle-to-Vehicle, V2V)、车 与 人(Vehicle-to-Pedestrian, V2P)和 车 与 设 施(Vehicle-to-Infrastructure, V2I)的信息网络。这个网络具有网络拓扑结构变化迅速、不稳定、易受影响、节点数量有限且运动速度变化快、组网灵活、通信负载庞大等特点。车联网通信场景见图11-3。

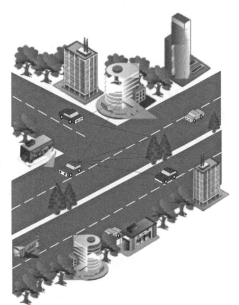

一个基本的车联网系统主要由车辆、车载终端设备、道路终端设备和云服务计算平台构成,而车载终端设备是车与车连接的纽带,保证其在车辆行驶过程中可以正常通信十分重要。车载终端设备虽然是通信设备的一种,但对其性能指标的测试要比传统通信设备更加严格,主要原因在于车联网通信具有以下几大特点:

(1)与传统移动通信环境相比,车联网通信场景更加复杂。受地形地貌、气候温度、建筑物遮挡等因素影响的同时,车辆实时变化的运动状况

图11-3　车联网通信场景

包括速度和方向也会使得信号在传播过程中经历的无线信道实时发生改变。

(2)当车辆行驶距离较长时场景会发生变化。例如,当车辆在城市场景中行驶时,信号的传播多数情况是经建筑物散射、反射后到达接收端,而当车辆行驶至郊区这样的开阔地时,信号在收发端之间传播往往存在直射路径。

(3)当车辆运动速度较快时,会产生明显的多普勒效应,使得接收端接收的信号存在频率上的偏差。

车联网技术可应用在以下多个方面:

(1)辅助驾驶。这具体表现为:当用户疲劳时,车联网技术可实现车辆的自动安全驾驶、自动超车等,提高用户出行体验;在驾驶汽车时,车联网技术可提前获知交通标识,提醒用户及时调整,预防交通事故;在准备停车时,车联网技术提供给用户周围停车场的实时信息并且获取汽车附近的环境信息,分析潜在威胁,预防碰撞事故的发生。

(2)交通智能优化。车联网技术通过5G通信技术可以实时得到各条道路的交通信息,结合全天和全年的路况以及天气等因素,通过和其他车辆信息交互,从而选择最佳路径。

(3)车载应用服务。比如:当行驶在高速或者拥堵路段时,用户可以实时在线收听广播、音乐;当对出行路线不熟悉时,用户可以选择车载导航;在漫长的旅途中,车上的其他乘客可以选择玩电子游戏、观看电影等活动。

总而言之,车联网技术是第五代移动通信技术在交通领域的拓展,引领智能交通的发展,运用车联网技术可以极大程度地保护人身健康和财产安全,对现代交通具有极大的意义。

11.4.2 车-车非平稳信道模型

无线信号在传播过程中会受到信道衰落和噪声的随机失真影响,接收端信号可表示为

$$y(t) = h(t)x(t) \tag{11-1}$$

其中,$x(t)$、$y(t)$ 分别为发送和接收信号;$h(t)$ 表示信道时变乘性衰落因子。在车联网通信场景中,大部分信号的发射端和接收端都处于移动的车辆上,且车辆的移动速度通常随时间发生改变,导致多普勒频率的时变性,最终表现为整个信道的非平稳性。这种非平稳性在信道建模过程中,体现为特定参数的时变性。

假设传播场景中发射端和接收端都处在任意速度、任意轨迹的运动中,定义 σ_μ^2 为散射径总功率,N 为散射径总支路数,$f_n(t)$ 为各散射径的时变多普勒频率,θ_n 为各散射径的随机相位,$\alpha_n^T(t)$ 为第 n 条支路的离开角,$\alpha_n^R(t)$ 为第 n 条信号路径的到达角。基于复谐波叠加理论的车联网非平稳信道参考模型可表示为

$$h(t) = \sqrt{\frac{\sigma_\mu^2}{N}} \sum_{n=1}^{N} \int_0^{2\pi}\int_0^{2\pi} \exp^{\mathrm{j}[2\pi f_n(t)+\theta_n]} \cdot p_{\alpha^T}(\alpha_n^T(t)) p_{\alpha^R}(\alpha_n^R(t)) \mathrm{d}\alpha_n^T \mathrm{d}\alpha_n^R \tag{11-2}$$

其中,$p_{\alpha^T}(\cdot)$ 和 $p_{\alpha^R}(\cdot)$ 分别表示信号离开角和到达角的概率密度函数。需要指出的是,参数 $\alpha_n^T(t)$、$\alpha_n^R(t)$、$f_n(t)$ 均支持时变性,用于复现信道的非平稳特性。

11.4.3 SoFM 信道仿真模型

值得注意的是,谐波叠加方法、复谐波叠加方法生成的信道输出相位与多普勒频率不能准确对应,而积分项的引入可以改善这个问题。本实验将此方法应用于信道仿真模型中,并作出改进,称为调频谐波叠加方法(Sum of Frequency Modulation,SoFM)。为了与理论参数区分,用~符号表示仿真模型参数。

首先,将信道的时变角度参数 $\alpha_n^T(t)$、$\alpha_n^R(t)$ 与多普勒频率 $\tilde{f}_n(t)$ 进行联合建模;其次,将信道模型中的多普勒频率参数转化为积分形式,即使用 $\int_0^t \tilde{f}_n(\tau)\mathrm{d}\tau$ 来替换 $\tilde{f}_n(\tau)$,从而使信道衰落相位和多普勒频率具有更准确的连续时变性;最终,本实验提出的车联网非平稳信道仿真模型可表示为

$$\tilde{h}(t) = \sqrt{\frac{\sigma_\mu^2}{N}} \sum_{n=1}^{N} \exp\left\{2\pi \int_0^t \tilde{f}_n(\tau)\mathrm{d}\tau + \tilde{\theta}_n\right\} \tag{11-3}$$

利用欧拉公式并将所有项分类为同向、正交两个分量,公式(11-3)可以转化为 $\tilde{h}(t) =$

$\widetilde{h}_1(t) + j\widetilde{h}_2(t)$ 的形式,同向分量 $\widetilde{h}_1(t)$ 和正交分量 $\widetilde{h}_2(t)$ 可进一步改写为

$$\widetilde{h}_i(t) = \sqrt{\frac{\sigma_\mu^2}{N}} \sum_{n=1}^{N} \cos\left[2\pi\int_0^t \widetilde{f}_n(t')\mathrm{d}t' + \widetilde{\theta}_n + (i-1)\frac{\pi}{2}\right] \tag{11-4}$$

其中,$i \in \{1, 2\}$,两者都由一组叠加的散射径分量组成。由式 11-4 可以看出仿真模型的时变参数精简为 $\widetilde{f}_n(\tau)$,但保留了参考模型的所有信道信息。SoFM 仿真模型的硬件实现框图如图 11-4 所示,各支路余弦信号采用查表法产生。

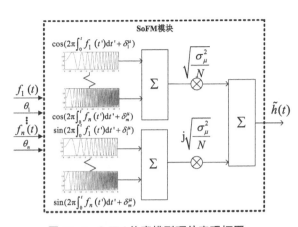

图 11-4 SoFM 仿真模型硬件实现框图

11.4.4 信道仿真参数计算

由公式 11-4 可得,SoFM 模型对车联网非平稳信道仿真的关键在于时变参数 $\widetilde{f}_n(t)$ 的计算,一般可表示为

$$\widetilde{f}_n(t) = f_\mathrm{d}(t)\cos\left[\alpha_n(t)\right] \tag{11-5}$$

式中,$f_\mathrm{d}(t)$ 表示时变最大多普勒频移;$\alpha_n(t)$ 为时变的各支路入射角,为简化实验操作,本实验将各支路的入射角固化为如式(11-6)取值

$$\alpha_n(t) = \frac{2\pi n}{N} \tag{11-6}$$

式中,N 为散射径支路数,一般选定为 16。最大多普勒频移与收发端移动速度相关,可表示为

$$f_\mathrm{d}(t) = f_0\frac{v(t)}{c} \tag{11-7}$$

式中,f_0、c 分别为载波频率与光速;$v(t)$ 为发射端与接收端之间的相对速度。

11.5 操作步骤

1) 生成参数

(1) 在 MATLAB 软件上对仿真的车联网通信场景进行设置,并据此对信道仿真模型需要的参数进行生成。具体场景参数设置及多普勒频率生成方法可参照下方代码所示。为方便理解,所示代码中车辆的相对速度假设在 1、6、11 s 时发生变化,其他时刻保持不变。

```
f0 = 2.4e9；  %载波频率
c = 3e8；  %光速
N_ray = 16；  % 散射径支路数
t = 1：5：16；
v_t = 15 + 2 * t;%相对速度
n = 1：1：N_ray；
alpha = 2 * pi * n./(N_ray + 1)；
fd_t = f0. * v_t/c；
for i = 1：3
fn(i,：) = fd_t(i). * cos(alpha)；
end
```

（2）将生成的多普勒频率转换为 DDS 模块的频率控制字,并命名为 parameter. coe,以. coe 文件的形式进行保存。具体转换算法如下方代码所示。

```
fs = 1e5；  %信道采样率
fix_width = 16；
omega_n_l =  2^fix_width * fn / fs ；
data = floor( omega_n_l )；
```

2）新建工程

打开 Vivado,点击 File→Project→New,输入工程名称和工程路径,设置器件类型和仿真参数(图 11-5)。

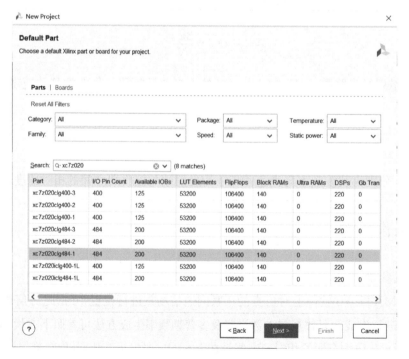

图 11-5 新建工程

3）创建顶层文件

在 Source 工作区单击右键，选择 Add Sources 添加设计文件，文件类型选择 Verilog Moudule，在 File name 栏中输入文件名，创建顶层文件，编写顶层控制代码 Pro_Top（图 11-6）。

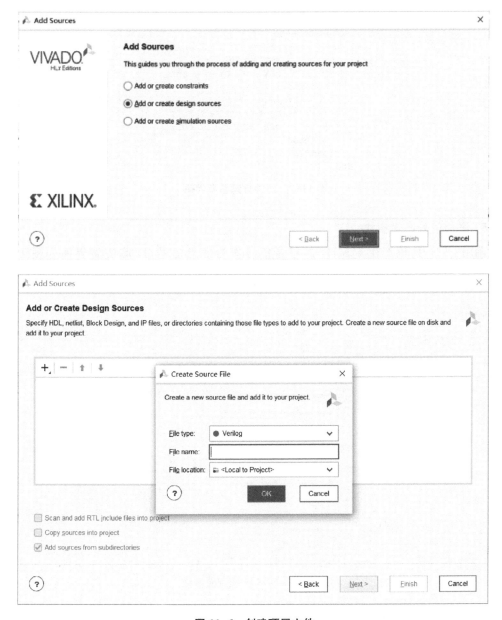

图 11-6　创建顶层文件

4）添加时钟分频模块

添加 Clocking Wizard IP 核，配置产生 120 MHz 的 DAC 工作时钟，具体配置方法可参照前面小节实验。另外,通过计数器产生 100 kHz 的分频时钟,用以驱动 SoFM 衰落仿真模块,具体分频算法可参照图 11-7 代码。

```verilog
always@(posedge clk_in)begin
    if(rst)begin
        cnt1 <= 15'd0;
        clk_out1 <= 1'd0;
    end
    else begin
        if(cnt1 == 15'd199)begin
            cnt1 <= 15'd0;
            clk_out1 <= ~clk_out1;
        end
        else begin
            cnt1 <= cnt1 + 15'd1;
            clk_out1 <= clk_out1;
        end
    end
end
```

图 11-7 时钟分频参考代码

5) 添加信号产生模块

调用 DDS IP 核产生 5 MHz 的单音信号作为信息信号,DDS 配置界面如图 11-8 所示。

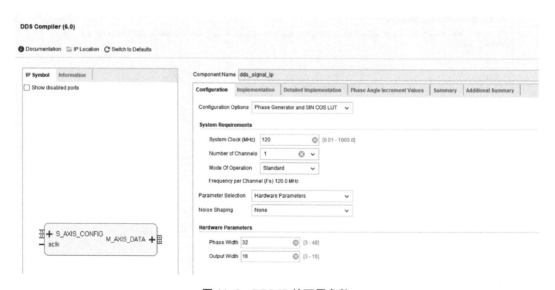

图 11-8 DDS IP 核配置参数

6) 添加 SoFM 信道模块产生非平稳信道衰落

(1) 编写 MATLAB 代码生成余弦表系数,并进行定点量化,生成一个数据宽度为 15 位、深度为 4 096 位的余弦表 coe 文件,并命名为 cos_coe.coe。具体生成步骤可参照前面小节实验。

（2）新建一个 Vivado 的 IP 核 Block Memory Generator，命名为 cos_rom_table，将 cos_coe.coe 加载到 cos_rom_table 中，设置数据宽度为 15 位，深度为 4 096 位（图 11-9）。

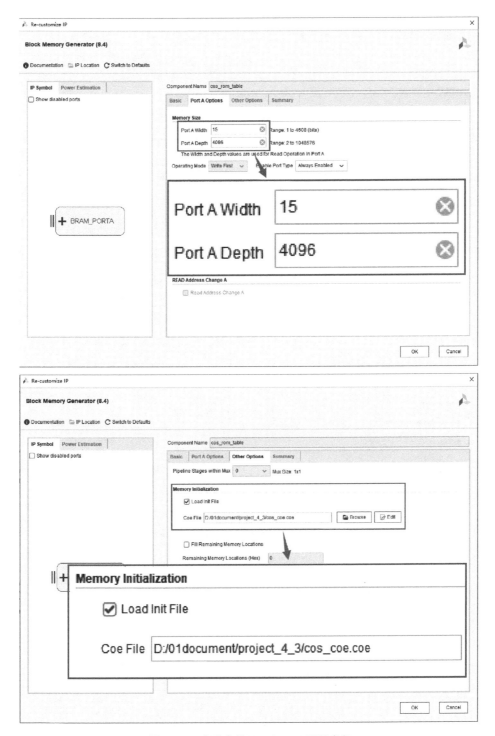

图 11-9　余弦表单口 ROM IP 配置参数

（3）新建一个 Vivado 的 IP 核 Block Memory Generator，命名为 parameter_rom，将步骤 1 产生的信道参数文件 parameter. coe 加载到 parameter_rom 中，设置数据宽度为 256 位（由 16 个 16 位的频率控制字拼接而成），深度为 3 位（因为仅假设了 3 个时间状态），如图 11-10 所示。

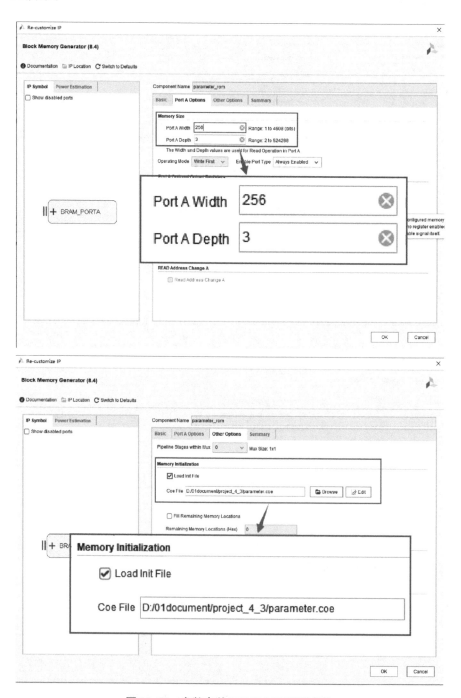

图 11-10 参数表单口 ROM IP 配置参数

（4）编写一个计数器代码，定时读取 parameter_rom 中的信道参数，以实现非平稳信道的参数更新，具体代码可参照图 11-11 所示。

```
always@(posedge CLK)begin
    if(~rst_n)begin
        cnt1 <= 28'd0;
        para_addra<=2'd0;
    end
    else begin
        if(cnt1 == 28'd499999)begin
            cnt1 <= 28'd0;
            para_addra<=para_addra+2'D1;
        end
        else begin
            cnt1 <= cnt1 + 28'd1;
            para_addra<=para_addra;
        end
    end
end
parameter_rom parameter_rom_inst (
.clka(CLK),  // input wire clka
.addra(para_addra), // input wire [1 : 0] addra
.douta(para_data) // output wire [191 : 0] douta
);
```

图 11-11 参数更新代码

（5）通过从 parameter_rom 读取出的参数查找余弦表，然后将余弦表输出的 16 路信号叠加，得到高斯随机过程。根据图 11-4 原理产生两路高斯随机过程，从而形成一路非平稳复高斯衰落。

（6）此处 SoFM 模块工作时钟为 100 kHz，产生衰落的数据速率与信号不匹配（信号数据速率为 120 MHz），所以应该调用 IP 核 CIC Compiler 实现对瑞利信道的插值处理，其配置界面如图 11-12。

7）添加信道叠加模块

新建一个 Vivado 的 IP 核 Complex Multiplier，命名为 comp_mult，可以实现复数相乘，将生成的 I、Q 两路信息信号和衰落信号输入 comp_mult IP 核，得到叠加了衰落的信号。

8）添加 DA 模块

仿照步骤 2，添加信号输出模块，编写代码控制 DA 芯片输出信号。

9）设置集成逻辑分析仪

在项目管理区 PROJECT MANAGER 处点击 IP Catalog 按钮添加 IP 核，在搜索框中输入 ILA 找到集成逻辑分析仪（Integrated Logic Analyzer），并双击进入配置界面，根据观测数据配置探针数目 Number of Probes、数据宽度 Probe Width 及采样点数 Sample Data Depth（图 11-13）。

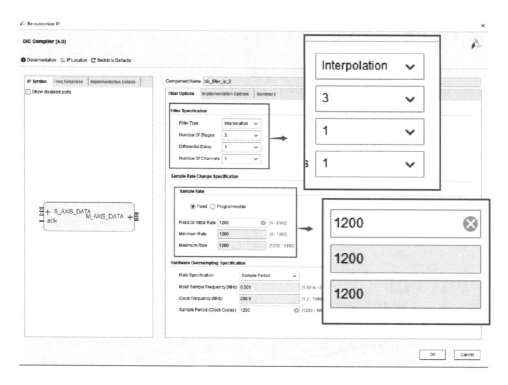

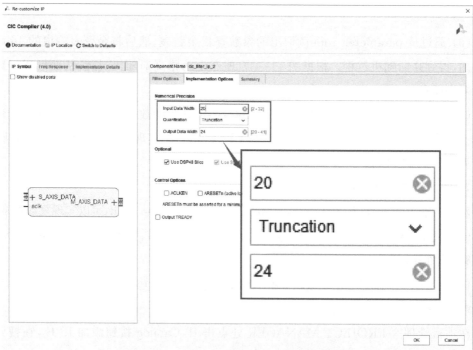

图 11-12　CIC Compiler IP 核参数设置

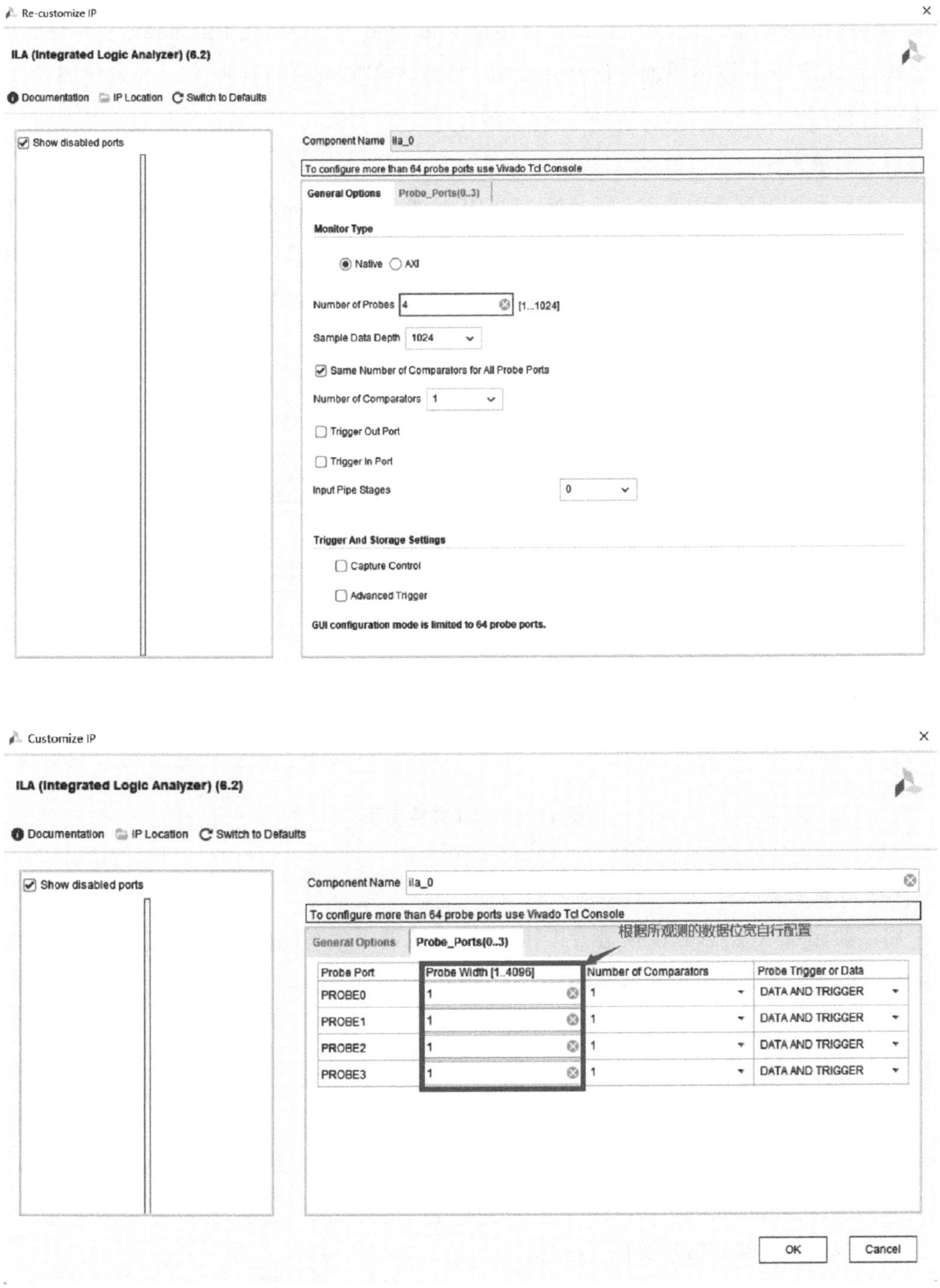

图 11-13　集成逻辑分析仪参数设置

10）添加管脚约束文件

在项目管理区 PROJECT MANAGER 处点击 Add Sources 按钮，选择 Add or create constraints 添加管脚约束文件，选择文件类型 File type 为 XDC，在 File name 框中输入文件名称，点击 Finish 按钮添加空白约束文件，然后结合实验箱的管脚编写约束代码，写入约束文件即可。

11）烧录文件

在编程和调试区 PROGRAM AND DEBUG 处点击 Generate Bitstream，将工程文件进行编译、综合并生成 bit 文件；将实验箱接通电源并完成连接，选择 Open Target→Auto Connect 选项自动扫描连接，然后选择 Program Device 选项，单击"xc7z020_1"，选择需要下载的 bit 文件，即可将 bit 文件烧录到硬件平台上（图 11-14）。

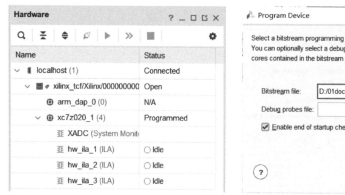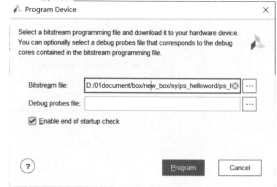

图 11-14　bit 文件烧录

12）观察实验现象

将实验箱和示波器、频谱仪进行连接，通过示波器观察车联网非平稳信道下的输出信号波形，通过频谱仪观测频域多普勒功率密度谱。

11.6　实验结果

（1）仿真时间 1～6 s 时，相对速度为 17 m/s，对应的最大多普勒频率为 136 Hz，示波器观测时域波形见图 11-15。

频谱仪观测的频谱波形见图 11-16。

（2）仿真时间 6～11 s 时，相对速度为 27 m/s，对应的最大多普勒频率为 216 Hz，示波器观测时域波形见图 11-17。

频谱仪观测的频谱波形见图 11-18。

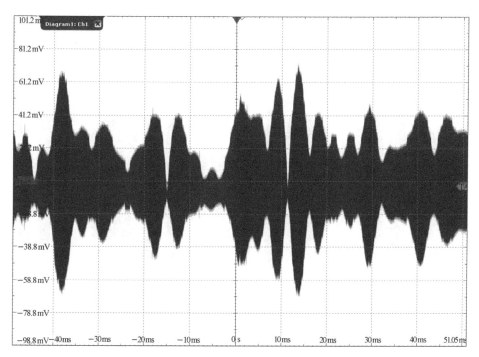

图 11-15　相对速度为 17 m/s 示波器观测时域波形

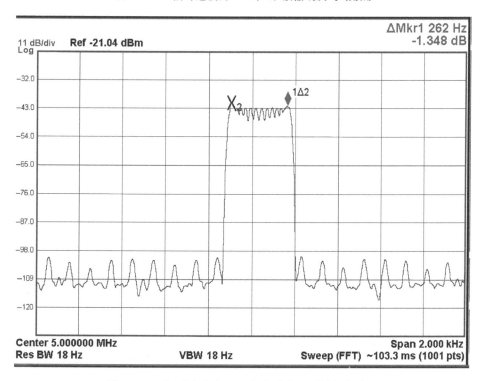

图 11-16　相对速度为 17 m/s 频谱仪观测的频谱波形

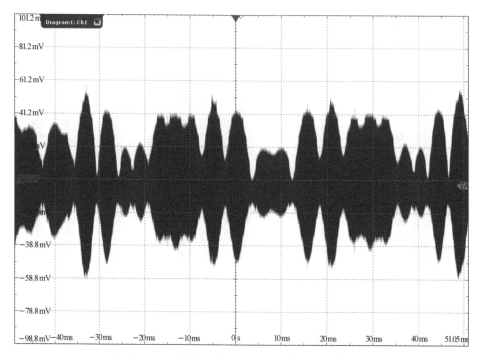

图 11-17   相对速度为 27 m/s 示波器观测时域波形

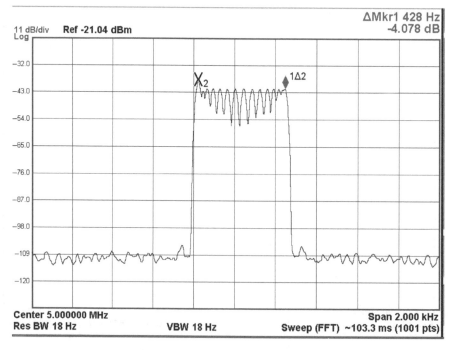

图 11-18   相对速度为 27 m/s 频谱仪观测的频谱波形

（3）仿真时间 11～16 s 时,相对速度为 37 m/s,对应的最大多普勒频率为 296 Hz,示波器观测时域波形见图 11-19。

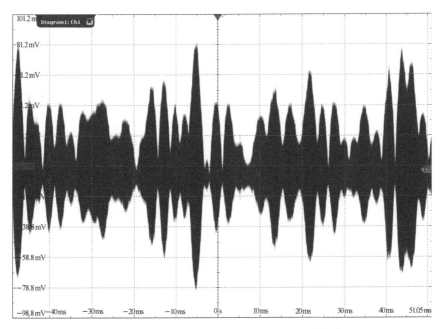

图 11-19　相对速度为 37 m/s 示波器观测时域波形

频谱仪观测的频谱波形见图 11-20。

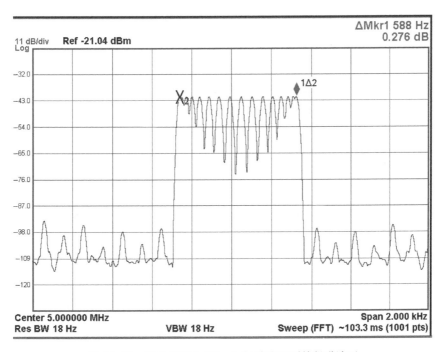

图 11-20　相对速度为 37 m/s 频谱仪观测的频谱波形

【思考题】

1. 对于车联网通信系统而言,分析收发端车辆的运动方向和速度大小对信道带来的影响。

2. 试用 MATLAB 软件仿真分析本实验中使用的 SoFM 模型与传统 SoS 模型的差别。

参考文献

［1］ Patzold M. Mobile Radio Channels[M]. [S. l.]: Wiley, 2011.

［2］ 何睿斯. 移动场景下无线信道测量与建模:理论与应用[J]. 电信科学,2018,34(9):193.

［3］ 杨明川,丁睿,郭庆,等. 卫星移动信道传播特性分析与建模[M]. 北京:人民邮电出版社,2020.

［4］ 董朔朔,刘留,樊圆圆,等. 车联网信道特性综述[J]. 电波科学学报,2021,36(3):349-367.

［5］ 尹学锋,程翔. 无线电波传播信道特征[M]. 武汉:华中科技大学出版社,2021.

［6］ Zhu Q M, Wang C X, Hua B Y, et al. 3GPP TR 38. 901 Channel Model[M]. [S. l.]: Wiley Press, 2021.

［7］ 朱秋明,陈小敏,杨建华,等. 通信与信息工程综合实验原理与方法[M]. 北京:科学出版社,2018.

［8］ 朱秋明,陈小敏,杨婧文,等. 基于 Wireless Insite 的无线信道教学研究[J]. 实验室研究与探索, 2019,38(8):209-212.

［9］ 朱秋明,陈小敏,杨志强,等. 无线信道衰落 FPGA 模拟实验教学研究[J]. 电气电子教学学报,2019, 41(6):138-141.

［10］ 江凯丽,陈小敏,朱秋明,等. 三维场景非平稳 MIMO 信道构建及参数演进方法[J]. 应用科学学报, 2018,36(5):774-786.

［11］ 杨颖,朱秋明,陈小敏,等. 三维移动-移动场景非平稳 MIMO 信道空时相关性[J]. 微波学报,2018, 34(1):36-41.

[12] Zhu Q M, Li H, Fu Y, et al. A novel 3D non-stationary wireless MIMO channel simulator and hardware emulator[J]. IEEE Transactions on Communications, 2018, 66(9): 3865-3878.

[13] Zhu Q M, Huang W, Mao K, et al. A flexible FPGA-based channel emulator for non-stationary MIMO fading channels[J]. Applied Sciences, 2020, 10(12): 4161.

[14] Karasawa Y, Nakada K, Sun G J, et al. MIMO fading emulator development with FPGA and its application to performance evaluation of mobile radio systems[J]. International Journal of Antennas and Propagation, 2017, 2017: 1-15.

[15] Nguyen T T T, Lanante L, Nagao Y H, et al. Multi-user MIMO channel emulator with automatic channel sounding feedback ［J］. IEICE Transactions on Fundamentals of Electronics, Communications and Computer Sciences, 2016, E99. A(11): 1918-1927.

[16] Tang D H, Shao G F, Zhou J, et al. A novel MIMO channel model for vehicle-to-vehicle communication system on narrow curved-road environment[J]. Wireless Personal Communications, 2018, 98(4): 3409-3430.

[17] Yuan Y, He R S, Ai B, et al. A 3D geometry-based THz channel model for 6G ultra massive

MIMO systems[J]. IEEETransactions on Vehicular Technology, 2022, 71(3): 2251-2266.

[18] Yuan Z Q, Zhang J H, Ji Y L, et al. Spatial non-stationary near-field channel modeling and validation for massive MIMO systems[J]. IEEE Transactions on Antennas and Propagation, 2023, 71(1): 921-933.

[19] 张周不染,朱煜良,杨盛庆,等.深空星间链路信道建模及硬件模拟器研制[J].飞控与探测,2020,3 (5):97-104.

[20] 房晨,赵子坤,张宁,等.全阴影卫星信道高效硬件数字孪生方法[J].航空兵器,2022,29(3):88-93.

[21] 何遵文,杜川,张焱,等.多场景卫星通信信道动态建模与仿真实现[J].电波科学学报,2023,38(1): 87-95.

[22] Wang JJ, Liu C, Min M, et al. Effects and applications of satellite radiometer 2.25-μm channel on cloud property retrievals[J]. IEEE Transactions on Geoscience and Remote Sensing, 2018, 56(9): 5207-5216.

[23] Fang X R,Feng W, Wei T, et al. 5G embraces satellites for 6G ubiquitous IoT: Basic models for integrated satellite terrestrial networks [J]. IEEE Internet of Things Journal, 2021, 8(18): 14399-14417.

[24] Ivanov H, Marzano F, Leitgeb E, et al. Testbed emulator of satellite-to-ground FSO downlink affected by atmospheric seeing including scintillations and clouds [J]. Electronics, 2022, 11 (7): 1102.

[25] 朱秋明,倪浩然,华博宇,等.无人机毫米波信道测量与建模研究综述[J].移动通信,2022,46(12): 2-11.

[26] Li W D, Chen X M, Zhu Q M, et al. A novel segment-based model for non-stationary vehicle-to-vehicle channels with velocity variations[J]. IEEE Access, 2019, 7: 133442-133451.

[27] Zhu Q M, Li W D, Wang C X, et al. Temporal correlations for a non-stationary vehicle-to-vehicle channel model allowing velocity variations [J]. IEEE Communications Letters, 2019, 23(7): 1280-1284.

[28] Bai L, Huang Z W, Du H H, et al. A 3-D nonstationary wideband V2V GBSM with UPAs for massive MIMO wireless communication systems[J]. IEEE Internet of Things Journal, 2021, 8 (24): 17622-17638.

[29] Huang Z W, Bai L, Cheng X, et al. A non-stationary 6G V2V channel model with continuously arbitrary trajectory[J]. IEEE Transactions on Vehicular Technology, 2023, 72(1): 4-19.

[30] Yang M, Ai B, He R, et al. Dynamic V2V Channel Measurement and Modeling at Street Intersection Scenarios[J]. IEEE Transactions on Antennas and Propagation,2023,71(5):4417-4432.